电工电子学实验教程

(非电类专业使用)

主编 李文秀
参编 刘春艳 张海峰 司 杨 梁 斌
主审 李钊年

北京航空航天大学出版社

内容简介

本书共分 7 章。第 1 章介绍了电工技术实验装置和电工仪表的基本知识及使用方法。第 2 章介绍了示波器、函数信号发生器、毫伏表、计数器及稳压电源等电子实验仪器的使用方法。第 3 章介绍了常用电路元件的识别和主要性能参数。第 4 章介绍了电路原理中直流部分、电路暂态部分、单相交流电路部分、三相交流电路部分及电动机控制方法的实验以及电子电路计算机仿真软件（NI Multisim 软件）在实验中的应用。第 5 章介绍了模拟电路的基本实验。第 6 章介绍了模拟电路的综合设计实验。第 7 章介绍了数字电路的基本实验和综合设计实验。

本书主要作为普通高等学校非电类工科专业教材，也可作为高职高专及函授教材，还可作为工程技术人员的辅助参考书。

图书在版编目（CIP）数据

电工电子学实验教程 / 李文秀主编. -- 北京 : 北京航空航天大学出版社，2017.8
 ISBN 978 - 7 - 5124 - 2490 - 6

Ⅰ.①电… Ⅱ.①李… Ⅲ.①电工技术－实验－教材
②电子技术－实验－教材 Ⅳ.①TM-33②TN-33

中国版本图书馆 CIP 数据核字(2017)第 185583 号

版权所有，侵权必究。

电工电子学实验教程

主　编　李文秀
责任编辑　尤　力

*

北京航空航天大学出版社出版发行

北京市海淀区学院路 37 号（邮编 100191）　　http://www.buaapress.com.cn
发行部电话：(010)82317024　传真：(010)82328026
读者信箱：bhpress@263.net　邮购电话：(010)82316936
北京时代华都印刷有限公司印装　各地书店经销

*

开本：787×1092　1/16　印张：11.75　字数：261 千字
2017 年 8 月第 1 版　2018 年 8 月第 2 次印刷　印数：2 501～6 500 册
ISBN 978 - 7 - 5124 - 2490 - 6　定价：26.00 元

若本书有倒页、脱页、缺页等印装质量问题，请与本社发行部联系调换。联系电话：(010)82317024

前 言

《电工电子学实验教程》是根据工科高等学校本科电工电子学课程的教学要求,针对非电类工科专业的不同需求,在总结以往教学经验的基础上,吸取其他教材的优点,编写出适合工科院校非电类专业独立设课的实验教程。

本教程立足于非电类专业的特点,以验证型和单元型实验为基础,通过综合设计型实验提升能力,满足电工电子学实验的课程体系改革和实验教学改革的要求。

本教程实验内容详细完整,能够与大多数学校的实验设备配套;引入计算机仿真技术和PLC技术,将传统的实际工程实验和仿真有机结合,在提供先进实验技术指导的基础上,给学生提供了发挥能力的空间。

全书共有 7 章,第 1 章为常用电工测量仪表,介绍了电工仪表的基本知识、基本结构,电流表、电压表、功率表、兆欧表和数字万用表的基本使用方法。另外还介绍了电工技术实验装置的使用方法。第 2 章为常用电子实验仪器,介绍了示波器、函数信号发生器、毫伏表和计数器等电子实验仪器的使用方法。第 3 章介绍了常用电路元件的识别和主要性能参数。第 4 章介绍了电子电路计算机仿真软件(NI Multisim 软件)的使用,并介绍了电路原理中直流部分、电路暂态部分、单相交流电路部分、三相交流电路部分及电动机控制方法的实验。第 5 章介绍了模拟电路的基本实验。第 6 章介绍了模拟电路的综合设计实验。第 7 章介绍了数字电路的基本实验和综合设计实验。本书在编写时以实验的基础性、应用性、综合性和研究性之间的结合为重,每个实验都设有课前预习和实验后的思考题,学生通过实验,可以提高分析问题和解决问题的能力。

本教程作为《电工电子学》(李钊年编写,北京航空航天大学出版社出版)的配套教材,实验参考学时为 16 学时~32 学时。

本教程由李文秀主编,并编写第 1 章~第 3 章内容;第 4 章由张海峰编写;第 5 章由刘春艳编写;第 6 章由李文秀、刘春艳、司杨共同编写;第 7 章由司杨编写。另外,梁斌也参与了编写工作。

全书由李钊年主审,并提出了宝贵的修改意见,谨致以衷心的谢意。编写本教程时,还参考了众多的文献资料,在此向参考文献的作者表示感谢。同时,在本教程立项和编写过程中,得到青海大学教材建设基金的支持,在此表示感谢。

由于编者水平有限,书中疏漏之处在所难免,敬请读者提出宝贵意见,以便修改。

编者

2017 年 6 月

目 录

第1章 常用电工测量仪表 ……………………………………………………… 1
  1.1 电工测量仪表的分类 ………………………………………………………… 1
  1.2 电流表、电压表及功率表的工作原理 ……………………………………… 1
    1.2.1 电流表的工作原理 …………………………………………………… 1
    1.2.2 电压表的工作原理 …………………………………………………… 2
    1.2.3 功率表的工作原理 …………………………………………………… 3
  1.3 兆欧表 ………………………………………………………………………… 3
    1.3.1 兆欧表的结构和工作原理 …………………………………………… 3
    1.3.2 兆欧表的选择 ………………………………………………………… 4
    1.3.3 兆欧表的使用 ………………………………………………………… 4
  1.4 DGX-1电工技术实验装置简介 …………………………………………… 4

第2章 常用电子实验仪器 ……………………………………………………… 8
  2.1 常用示波器及其使用方法 …………………………………………………… 8
    2.1.1 示波器的组成 ………………………………………………………… 8
    2.1.2 示波器的使用 ………………………………………………………… 9
    2.1.3 DS-5000型示波器简介 …………………………………………… 11
    2.1.4 GOS-6021双踪示波器简介及使用方法 ………………………… 15
  2.2 YB1731A/C直流稳压电源 ………………………………………………… 18
    2.2.1 概述 …………………………………………………………………… 18
    2.2.2 电源的性能指标 ……………………………………………………… 19
    2.2.3 YB1731A/C电源面板介绍与使用方法 ………………………… 19
  2.3 函数信号发生器 ……………………………………………………………… 20
    2.3.1 GFG-8015G函数信号发生器简介 ……………………………… 20
    2.3.2 GFG-8015G函数信号发生器使用说明 ………………………… 22
    2.3.3 GFG-8016H函数信号发生器使用说明 ………………………… 22
  2.4 交流毫伏表 …………………………………………………………………… 23
  2.5 数字万里表 …………………………………………………………………… 24

2.6	计数器	25
2.7	电子测量仪器的选择	26

第3章 常用电路元器件的识别与主要性能参数 27
- 3.1 电阻器的简单识别与型号命名方法 27
  - 3.1.1 电阻器的分类 27
  - 3.1.2 电阻器的型号命名方法 28
  - 3.1.3 电阻器的主要性能指标 28
  - 3.1.4 电位器 29
  - 3.1.5 电位器和电阻器的电路符号 29
  - 3.1.6 选用电阻器常识 30
- 3.2 电容器的简单识别与型号命名方法 30
  - 3.2.1 电容器的分类 30
  - 3.2.2 电容器型号的命名方法 31
  - 3.2.3 电容器的主要性能技术指标 32
  - 3.2.4 电容的标注方法 33
  - 3.2.5 电容的电路符号 33
  - 3.2.6 选用电容器注意的事项 33
- 3.3 电感器的简单识别与型号命名方法 33
  - 3.3.1 电感器的分类 33
  - 3.3.2 电感器的主要性能指标 34
  - 3.3.3 电感器选用常识 34
- 3.4 常用半导体器件的型号及命名方法 35
  - 3.4.1 二极管的识别与测试 36
  - 3.4.2 三极管的识别与简单测试 37
- 3.5 集成电路型号命名方法 39
  - 3.5.1 型号命名方法 39
  - 3.5.2 集成电路的分类 40
  - 3.5.3 集成电路外引线的识别 40
- 3.6 几种常用模拟集成电路简介 41
- 3.7 常用数字集成电路简介 47
  - 3.7.1 几类常用数字集成电路的典型参数 47
  - 3.7.2 555定时器电路 48
  - 3.7.3 常用TTL数字集成电路引脚图及功能 48
- 3.8 常用显示器件 55
  - 3.8.1 发光二极管 56
  - 3.8.2 数码管 56

第4章 电工部分实验 58
实验1 基尔霍夫定律 58

实验 2　叠加定理 ………………………………………………………… 61
实验 3　戴维南（宁）定理和诺顿定理 ………………………………… 63
实验 4　Multisim 仿真基础实验 ………………………………………… 67
实验 5　一阶电路过渡过程的仿真实验 ………………………………… 79
实验 6　日光灯与功率因数的提高 ……………………………………… 83
实验 7　三相交流电路的研究 …………………………………………… 87
实验 8　三相电路功率的测量 …………………………………………… 89
实验 9　异步电动机的控制 ……………………………………………… 93
实验 10　PLC 基础实验 ………………………………………………… 97
实验 11　PLC 电机正反转控制实验 …………………………………… 102

第 5 章　模拟电路基础实验 …………………………………………… 106
实验 1　单管放大电路的研究 …………………………………………… 106
实验 2　集成运算放大器的基本应用——模拟运算电路 ……………… 112
实验 3　波形发生器 ……………………………………………………… 118
实验 4　直流稳压电源（一） …………………………………………… 125
实验 5　直流稳压电源（二） …………………………………………… 127

第 6 章　模拟电路综合实验 …………………………………………… 133
综合实验 1　直流稳压电源类 …………………………………………… 133
综合实验 2　变调音频放大器 …………………………………………… 135
综合实验 3　集成运算放大器的应用 …………………………………… 136

第 7 章　数字电路实验 ………………………………………………… 139
实验 1　Multisim 数字逻辑转换实验 …………………………………… 139
实验 2　集成逻辑门的基本功能 ………………………………………… 142
实验 3　7 段 LED 显示器及显示译码实验 ……………………………… 147
实验 4　常用中规模组合逻辑器件 ……………………………………… 150
实验 5　组合逻辑电路设计 ……………………………………………… 157
实验 6　触发器及其应用 ………………………………………………… 159
实验 7　时序逻辑电路分析与设计 ……………………………………… 164
实验 8　计数器及其应用 ………………………………………………… 168
实验 9　555 定时器及其应用 …………………………………………… 172
实验 10　4 人抢答器 …………………………………………………… 175
实验 11　数字综合实验（一）——方波、三角波发生器 …………… 177
实验 12　数字综合实验（二）——音乐门铃 ………………………… 179

参考文献 …………………………………………………………………… 181

第1章

常用电工测量仪表

1.1 电工测量仪表的分类

电路中的各个物理量(电压、电流、功率、电能及电路的各个参数)的大小除了用分析和计算的方法得到外,还可以通过电工测量仪表测量得到。

电工仪表的分类如下。
(1) 按工作原理可以分为磁电系仪表、电磁系仪表、电动系仪表、感应系仪表。
(2) 按种类可分为电压表、电流表、功率表、频率表、相位表等。
(3) 按电流的种类可分为直流表、交流表和交直流两用表。
(4) 按测量方法可以分为比较式和直读式。比较式是将被测量和标称值进行比较后得到被测的数据。常用的比较式仪表有电桥、电位差计等。直读式仪表是可以将被测量的数值直接在刻度盘上读出或用数码的方式直接显示。
(5) 按准确度级可分为0.1、0.2、0.5、1.0、1.5、2.5和5.0共7个等级。准确度级是指在正常条件下,仪表在测量时可能出现的最大基本误差的百分数值,即

$$\pm K\% = \frac{\Delta A_m}{A_m} \times 100\%$$

式中:ΔA_m为以绝对误差表示的最大基本误差;A_m为最大读数(量程)。

1.2 电流表、电压表及功率表的工作原理

1.2.1 电流表的工作原理

电流表在使用时应串联在被测电流的支路中。为了保证电路正常工作不因接入电流表而受影响,电流表的内阻一般做得较小。故此,若不慎将电流表并联在电路中,将导致电流表烧毁,在使用时必须特别小心。

测量直流电流通常采用磁电系电流表,测量交流电流通常采用电磁系电流表。

用磁电系电流表测量电流时,因其测量机构的可动线圈导线很细,电流又需要经过游丝,所以允许通过的电流是很小的,通常只能做检流计、微安表和毫安表。为了扩大磁电系

电流表的量程,在可动线圈 R_s 上并联电阻 R_d,使大部分电流从并联电阻 R_d 上通过,而可动线圈上只流过允许通过的电流,这个并联电阻 R_d 就叫分流电阻或分流器,如图 1-1 所示。

这样,当磁电系电流表电流为 I_s 时,而分流电阻为 R_d,则实际测量的电流为

$$I = \frac{R_s + R_d}{R_d} I_s$$

由上式可知,需要测量的电流越大,则分流电阻 R_d 越小。多量程的电流表的面板上几个不同量程的接线端子,这些接线端子与仪表内部相应的分流器相连,分流器由不同电阻值的电阻构成。使用时,根据被测电流值的大小,选择不同的量程端子。设

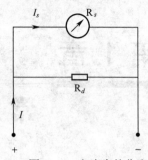

图 1-1 电流表的分流

$$n = \frac{I}{I_s} = \frac{R_s + R_d}{R_d}$$

则

$$R_d = \frac{R_s}{n-1}$$

上式表明,将磁电系电流表的量程扩大 n 倍时,分流电阻的阻值应为磁电系测量电路表测量机构的内阻 R_s 的 $1/(n-1)$。

用电磁系电流表来测量交流电流时,根据电磁系电流表的工作原理,可以把固定线圈直接串联在被测电路中。由于被测量电流不通过可动部分和游丝,因而,可以制成直接测量大电流的电流表,而不需要采用分流器来扩大量程。电磁系电流表有时采用固定线圈分段串并联的方法来改变量程。

1.2.2 电压表的工作原理

测量直流电压通常用磁电系电压表,测量交流电压通常用电磁系电压表。电压表在使用时应并联在被测电压的两端。

磁电系电压表的角位移与电流成正比,而电压表测量机构的电阻一定时,角位移与其两端的电压呈比例关系,将电压表和被测量电路并联,就能测出电压。但由于磁电系电压表的内阻不大,允许通过的电流较小,这样就限制了电压的值,为了提高电压量程,可在测量机构中串联电阻。如图 1-2 所示,其中 R_d 为分压电阻,当串联一电阻 R_d 后,被测电压 U 与测量机构本身的两端电压 U_s 之比为

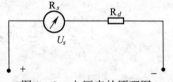

图 1-2 电压表的原理图

$$m = \frac{U}{U_s} = \frac{R_s + R_d}{R_s}$$

故

$$R_d = (m-1) R_s$$

上式表明,将磁电系电压表的量程扩大 m 倍时,分压电阻 R_d 应为磁电系测量电压表测量机

构内阻 R_s 的 $(m-1)$ 倍。多量程电压表的面板上有几个标有不同量程的接线端子，这些接线端子分别与表内相应电阻值的分压器相串联。使用时，根据所测电压值选择相应的量程。

采用电磁系电压表时，其量程扩大也是采用串联附加电阻的方法进行的。

1.2.3 功率表的工作原理

功率是电压和电流的乘积，故此，功率值与所测量电路中的电压和电流有关。功率表的电路由固定的电流线圈和可动的电压线圈组成，在接线时，电流线圈与负载串联、电压线圈与负载并联。电流线圈中流过的电流就是负载电流，负载电压与电压线圈的电压成正比，功率表的偏转角与负载电压和电流的乘积成正比，即

$$\alpha \propto UI = P$$

所以偏转角与被测的功率 P 成正比。

在测量交流电路的功率时要注意：同名端必须接在一起，否则，功率表指针将会反转。要根据所测电压和电流的大小来选择量程，读数时注意量程倍率关系。

1.3 兆 欧 表

兆欧表用来检查电机、电器、线路的绝缘情况和测量高阻值的仪器。

1.3.1 兆欧表的结构和工作原理

两个线圈固定在同一轴上且相互垂直，其中一个线圈 r_1 与电阻 R_i 串联，另一个线圈 r_2 与电阻 R_V 串联，两者并联后接上直流电源，被测电阻 R_X 并联在 E、L 端，如图 1-3 所示。

当手摇发电时，两个线圈中同时有电流通过，其电流分别为

$$I_1 = \frac{U}{R_V + r_1 + R_X}$$

$$I_2 = \frac{U}{R_i + r_2}$$

线圈受到磁场的作用，产生两个相反的转矩，仪表的可动部分在转矩的作用下发生偏转，直到两个线圈的转矩平衡。

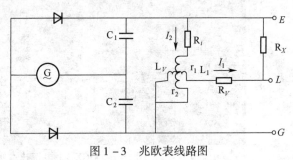

图 1-3 兆欧表线路图

当 E 和 L 短接时，I_1 最大，指针偏转角最大，指针指示为"0"。当 E 和 L 开路时，$I_1 = 0$，指针偏转角最小，指针指示为"∞"。其中 R_V、r_1、r_2 和 R_i 是仪表本身的固定值。指针的偏转角度由 I_1 和 I_2 的比值决定，故指针所指的刻度盘上显示的是被测设备的绝缘电阻值。

校表的方法是：短路实验，当 $R = 0$ 时，指针指到零值；开路实验，当 $R = \infty$ 时，指针在 ∞ 位置。

1.3.2 兆欧表的选择

额定电压在 500V 以下的设备选用 500V 或 1000V 的摇表,500V 以上的设备应选择 1000V 或 2500V 的摇表。

1.3.3 兆欧表的使用

兆欧表的接线端子有 3 个,分别标有 $G(屏)$、$L(线)$ 和 $E(地)$。被测电阻接在 L 和 E 之间。

(1)在使用前应先校表。

(2)在摇发电机手柄时要注意尽量匀速,一般规定为 120r/min,测量时手不要触摸被测物和兆欧表的接线端子,以防触电。

(3)在测量时如果被测设备短接,表针摆动到"0",应停止摇动,以免过流而烧毁兆欧表。

1.4 DGX-1 电工技术实验装置简介

DGX-1 电工技术实验装置是模块式的实验装置,该装置由交流电源控制屏、直流电源模块、测量仪表模块、函数信号发生器模块等组成。面板图如图 1-4 所示。

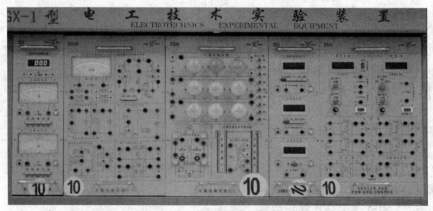

图 1-4 DGX-1 电工技术实验装置面板图

1. DGX-1 装置交流电源控制屏

可提供三相 0V~450V 可调电压,单相 0V~250V 可调电压,直流电机所使用的 40V~230V、3A 的可调电枢电压和 220V、0.5A 的励磁电压,如图 1-5 所示。

(1)三相可调电压(0V~450V)通过自耦调压变压器提供,在开启电源开关前先将自耦调压变压器的手柄(位置在控制屏左侧面)逆时针调到零位,将显示电压的电压表钮子开关掷于左侧(三相电网电压)。

(2)开启三相总电源钥匙开关,"停止"开关的灯亮,屏上 3 块电压表分别显示的是电网

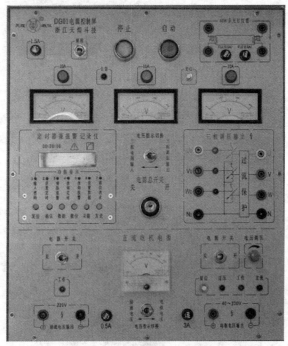

图 1-5 电源模块控制屏

线电压。按下"启动"按钮,绿灯亮,同时三相调压输出端的"黄、绿、红"灯亮,表明交流电源正常工作。此时,所有模块所需的电源可以正常使用。

(3)输出电源电压的调节。将"电压指示切换"开关切换到右侧,此时,3 块电压表的指示在零位,然后顺时针调节自耦调压器的调压手柄,3 块表所指示的电压随之改变,其显示的数据是三相可调电压的线电压。根据所需的数值进行调节,此时,要以电压表测量的数据为准,而电压指示的数据只能作为参考值。实验完毕后,调节自耦变压器输出至零再关闭电源。

(4)电机电源的输出。励磁电压和电枢电压分别用各自的开关控制,将"电源开关"置于"开"的位置,此时工作的状态灯为绿色,说明电源工作正常。励磁电压输出为 220V。电枢电压输出为 40V~230V。电枢电压具有过压、过流、过热和短路软截止保护功能。"电压指示切换"开关是切换励磁电压和电枢电压数据显示。

2. DGX-1 装置直流电源控制屏

DG04 直流电源的电源线插头和插座带有定位销,在使用时不要接错。

DG04 直流电源由两路电压源和一路电流源输出。电压源的电压在 0V~30V 连续调节。调节挡位有粗调波段开关和细调旋钮,根据需要进行调节。电压的输出值显示在数码管上,"电表指示"按钮开关是切换显示两路的电压值。电流源的调节同样有粗调波段开关和细调旋钮,输出电流在 0mA~500mA 连续调节。输出值在数码管上显示。直流电源控制屏如图 1-6 所示。

3. 测量仪表模块的使用

测量仪表包括直流电压表、直流电流表、交流电压表、交流电流表和功率表(功率因数

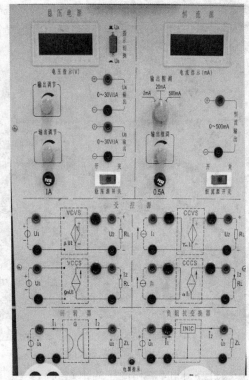

图1-6 直流电源控制屏

表)。这些仪表的电源线插头、插座为航空插头、插座,有3孔、4孔和5孔3种。5孔的插座、插头如图1-7所示,在接通电源时将插头和插座的定位销对准后插入,否则,总电源的开关无法合上。

在测量时仪表的满量程必须大于测量值,若测量值大于满量程时,蜂鸣器发出蜂鸣声,告警灯亮,且电源的接触器自动断开,此时,需按复位键蜂鸣器停止蜂鸣,调整量程后接通电源,进行实验。

图1-7 航空插头、插座定位销图

4. 函数信号发生器模块的使用

信号发生器可以产生正弦波、三角波、锯齿波(A 口)、矩形波、四脉方列和 8 脉方列(B 口)6 种信号波形。

(1)信号频率的调节。正弦波的输出频率范围为 1Hz~150kHz 之间。矩形波的输出频率范围为 1Hz~150Hz。三角波和锯齿波的输出频率范围为 1Hz~10kHz。四脉方列和 8 脉方列固定为 1kHz。频率调整的步进分别是 1Hz~1kHz 为 1Hz、1kHz~10kHz 为 10Hz、10kHz~150kHz 为 100Hz。在调节"粗↑、粗↓"按钮时,改变最高位的频率数值;在调节"中↑、中↓"按钮时,改变次高位的频率数值;在调节"细↑、细↓"按钮时,调节 2 次高位的数值。输出的频率显示在 LED 屏上。

(2)输出电压调节范围。A 端口的信号值调节通过 20dB、40dB 和输出旋钮组合使用;当衰减按钮未选中时,输出值在 15mV(峰峰值)~17V(峰峰值)通过输出旋钮进行调节;当选中 20dB 时,输出值的范围被衰减 10 倍;当选中 40dB 时,输出值的范围被衰减 100 倍。B 端口输出信号值在 0V(峰峰值)~4V(峰峰值)进行调节;按"B↑、B↓"按钮进行调节。

(3)输出脉宽调节。占空比为 1∶1、1∶3、1∶5 和 1∶7 共 4 个挡位。其占空比显示在 LED 屏上。

(4)波形的选择。按波形按钮,可见各个波形的上方有一指示灯,灯亮的波形便是被选中的波形,根据需要进行选择。

第 2 章

常用电子实验仪器

2.1 常用示波器及其使用方法

电子示波器是一种综合性的电信号测量仪器,它能把眼睛看不到的交变电信号转换成图像,显示在荧光屏上。电子示波器是一种时域测量仪器,用于观察信号随时间的变化关系,同时可以测量电信号的频率、幅值、相位及形状等。根据需要可以同时观察两个或多个电信号的动态过程。它具有以下 5 个特点。

(1) 显示被测信号的波形,并可测量其瞬时值。
(2) 测量频带宽,波形失真小。
(3) 灵敏度高,且有较强的过载能力。
(4) 输入阻抗高,对被测电路的影响小。
(5) 具有 X-Y 的工作方式,可以描绘出任何输入、输出量的函数关系。

为适应各种测试需要,电子示波器种类繁多。按其用途和结构特点可分为普通示波器、通用示波器、多线多踪示波器、记忆示波器及取样示波器等。随着微处理器的大量应用,电子示波器正在向自动化、智能化的方向发展,在测量领域中的作用越来越大。

2.1.1 示波器的组成

示波器由荧光屏、示波管、电源系统、垂直系统、水平系统等组成。

1. 荧光屏

荧光屏是示波管的显示部分。屏上水平方向和垂直方向各有多条刻度线,指示出信号波形的电压和时间之间的关系。水平方向指示时间,垂直方向指示电压。水平方向分为 10 格,垂直方向分为 8 格,每格又分为 5 份。垂直方向标有 0%、10%、90%、100% 等标志,水平方向标有 10%、90% 的标志,用以测直流电平、交流信号幅度、延迟时间等参数。根据被测信号在屏幕上占的格数(DIV)乘以适当的比例常数(V/DIV,TIME/DIV)能得出电压值与时间值。

2. 示波管和电源系统

(1) 电源(POWER)。示波器主电源开关。当按下此开关时,电源指示灯亮,表示电源接通。

(2) 辉度(INTEN)。旋转此旋钮能改变光点和扫描线的亮度。观察低频信号时可调暗一些,高频信号时调高一些。一般不应太亮,以保护荧光屏。

(3) 聚焦(FOCUS)。聚焦旋钮调节电子束截面大小,将扫描线聚焦成最清晰状态。

(4) 标尺亮度(ILLUMINCE)。此旋钮调节荧光屏后面的照明灯亮度。正常室内光线下,照明灯应调节的暗一些比较好。室内光线不足的环境中,可适当调亮照明灯。

3. 垂直系统和水平系统

(1) 垂直偏转因数选择(VOLTS/DIV)和微调。在单位输入信号作用下,光点在屏幕上偏移的距离称为偏移灵敏度,该定义对 X 轴和 Y 轴都适用。灵敏度的倒数称为偏转因数。垂直灵敏度的单位是 cm/V、cm/mV 或者 DIV/mV、DIV/V,垂直偏转因数的单位是 V/cm、mV/cm 或者 V/DIV、mV/DIV。实际上,因习惯用法和测量电压读数的方便,有时也把偏转因数当灵敏度。

双踪示波器中每个通道各有一个垂直偏转因数选择波段开关。一般按 1-2-5 方式从 5mV/DIV 到 5V/DIV 分为 10 挡。波段开关指示的值代表荧光屏上垂直方向一格的电压值。例如,波段开关置于 1V/DIV 挡时,如果屏幕上信号光点移动一格,则代表输入信号电压变化 1V。每个波段开关上往往还有一个小旋钮,微调每挡垂直偏转因数。将它沿顺时针方向旋到底,处于"校准"位置,此时,垂直偏转因数值与波段开关所指示的值一致。逆时针旋转此旋钮,能够微调垂直偏转因数。垂直偏转因数微调后,会造成与波段开关的指示值不一致,这点应引起注意。许多示波器具有垂直扩展功能,当微调旋钮被拉出时,垂直灵敏度扩大若干倍(偏转因数缩小若干倍)。例如,如果波段开关指示的偏转因数是 1V/DIV,采用"×5"扩展状态时,垂直偏转因数是 0.2V/DIV。

(2) 时基选择(TIME/DIV)和微调。时基选择和微调的使用方法与垂直偏转因数选择和微调类似。时基选择也通过一个波段开关实现,按 1-2-5 方式把时基分为若干挡。波段开关的指示值代表光点在水平方向移动一个格的时间值。例如,在 1μs/DIV 挡,光点在屏上移动一格代表时间值 1μs。

"微调"旋钮用于时基校准和微调。沿顺时针方向旋到底处于校准位置时,屏幕上显示的时基值与波段开关所示的标称值一致。逆时针旋转旋钮,则对时基微调。旋钮拔出后处于扫描扩展状态。通常为"×10"扩展,即水平灵敏度扩大 10 倍,时基缩小到 1/10。例如,在 2μs/DIV 挡,扫描扩展状态下荧光屏上水平一格代表的时间值等于 $2\mu s \times (1/10) = 0.2ms$。

示波器的标准信号源 CAL,专门用于校准示波器的时基和垂直偏转因数,如 DS-5000 型示波器标准信号源提供一个 V(峰峰值) = 3V、f = 1kHz 的方波信号。

示波器前面板上的位移(Position)旋钮调节信号波形在荧光屏上的位置。旋转水平位移旋钮(标有水平双向箭头)左右移动信号波形,旋转垂直位移旋钮(标有垂直双向箭头)上下移动信号波形。

2.1.2 示波器的使用

利用示波器可以测量电压、时间、相位差、频率。在使用示波器进行测量时,示波器的有关调节旋钮必须处于校准状态。例如,测量电压时,Y 通道的衰减器调节旋钮必须处于校准状态。在测量时间时,扫描时间调节旋钮必须处于校准状态。只有这样测得的值才是准确的。

1. 电压测量

用示波器可以测量正弦波的峰峰值、有效值、最大值和瞬时值,可以测量各种波形电压的峰峰值、瞬时值,还可以测量方波的上升沿和下降沿。

(1) 直流电压的测量。测量直流电压时,示波器的通道的耦合方式应选择直流耦合(Y 轴放大电路的下限截止频率为 0),进行测量时必须校准示波器的 Y 轴灵敏度,并将其微调旋钮旋至"校准"位置。测量方法如下。

① 先将垂直输入耦合选择开关置于"接地"状态,使屏幕上显示一条扫描基线,然后根据被测电压的极性调节垂直位移旋钮,使该基线调至合适的位置,作为零电压的基准位置。

② 然后再将输入耦合选择开关置于"DC"位置。

③ 将被测信号经衰减探头(或直接)接入示波器输入端,调节 Y 轴灵敏度旋钮,使扫描线有合适的偏转量,如图 2-1 所示。如果直流电压的坐标刻度(纵轴)与零线之间的距离为 $H(\text{DIV})$,Y 轴灵敏度旋钮的位置为 $S_y(\text{V/DIV})$,探头的倍增系数为 k,则所测量的直流电压值 $V_x = S_y \cdot H \cdot k$。

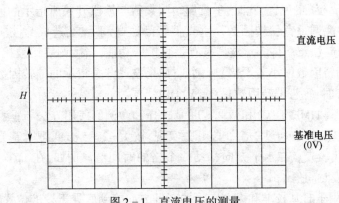

图 2-1 直流电压的测量

(2) 交流电压的测量。

① 将 Y 轴输入耦合方式选择开关置于交流耦合(AC)位置。

② 根据被测信号的幅度和频率,调整 Y 轴灵敏度选择旋钮和 X 轴的扫描时间选择旋钮于适当的挡位,将被测信号通过探头接入示波器的 Y 轴输入端,然后调节触发"电平",使波形稳定,如图 2-2 所示。被测的电压峰峰值 $V_{x(\text{峰峰值})} = H \cdot S_y \cdot k$,有效值 $V_x = \dfrac{V_{x(\text{峰峰值})}}{2\sqrt{2}}$。参照上述方法可以测

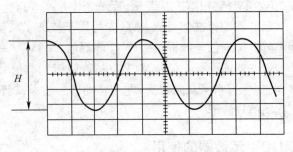

图 2-2 交流电压的测量

定电压的瞬时值。

上述被测电压是不含直流成分的正弦信号,一般选用交流耦合方式;如果信号频率很低时应选直流耦合方式;当输入信号中含有直流成分的交流信号或脉冲信号,也通常选用直流耦合方式,以便全面观察信号。

2. 相位测量

测量相位通常是测量两个同频率信号之间的相位差。在电子技术中,主要测量 RC 网络、LC 网络、放大器相频特性以及依靠相位传递信息的电子设备。

对于脉冲信号,称同相或反相,而不用相位来描述,通常用时间关系来说明。

测量相位的方法很多,采用双踪示波器测量两个频率相同的相位差是很直观且很方便的。测量时,要选中其中一个输入通道的信号作为触发源,调整触发电平,以显示出两个稳定的波形,如图 2-3 所示,在测量时调节 Y 轴灵敏度和 X 轴扫描速率,使波形的高度和宽度合适。两波形的相位差为

$$\Phi = \frac{L_x}{L_T} \times 360°$$

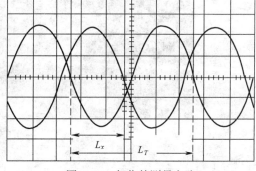

图 2-3 相位的测量方法

式中:L_T 为一周期时间间隔数;L_x 为两波形在 X 轴方向差的时间间隔数。

3. 时间测量

时间测量一般是测量信号的周期、脉冲宽度、上升时间、下降时间等。在测量时间时,若对应的时间间隔长度为 L_x(DIV),扫描速率 W,单位为 ms/DIV,X 轴的扩展系数为 k,则所测时间间隔 $T_x = W \cdot L_X \cdot k$;在测量信号的周期时,可以测量信号的一个周期,也可以测量 n 个周期时间,再除周期个数,这种方法的误差要小一些。

测量脉冲信号的脉冲宽度、上升时间、下降时间等参数,只要按定义测量出相应的时间间隔就可以。

4. 频率测量

频率就是周期的倒数,若有周期值,直接就可以换算成频率了。

此外,有些示波器带有频率、周期、直流电压、交流电压等的测量功能,利用该功能就可以直接进行测量。

2.1.3 DS-5000 型示波器简介

DS-5000 型示波器是具有数字存储式功能的 25MHz 带宽数字双踪示波器。

DS-5000 数字示波器面板结构及使用说明如下。前面板结构如图 2-4 所示,按功能可分为显示区、垂直控制区、水平控制区、触发区、功能区 5 个区,另有 5 个菜单按钮、3 个输入连接端口。下面分别介绍各部分的控制按钮以及屏幕上显示的信息。

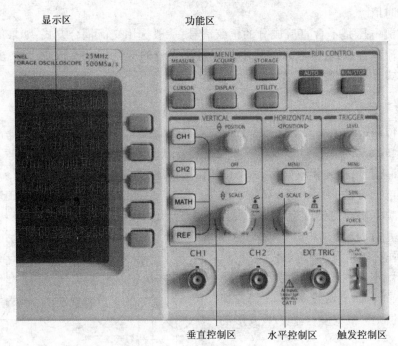

图 2-4 示波器面板结构

1. 显示区

荧光屏是示波管的显示部分,如图 2-5 所示。屏上水平方向和垂直方向各有多条刻度线,指示出信号波形的电压和时间之间的关系。水平方向指示时间,垂直方向指示电压。水平方向分为 10 格,垂直方向分为 8 格,每格又分为 5 份。垂直方向标有 0%、10%、90%、100% 等标志,水平方向标有 10%、90% 的标志,用以直流电平、交流信号幅度、延迟时间等参数使用。根据被测信号在屏幕上占的格数乘以适当的比例常数(V/DIV,TIME/DIV)能得出电压值与时间值。

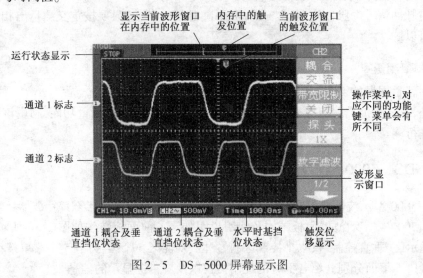

图 2-5 DS-5000 屏幕显示图

显示屏幕在显示图像的同时,除了波形外,还显示出许多有关波形和仪器控制设定值的细节,如图 2-5 所示。

2. 垂直控制区

垂直控制区(POSITION)如图 2-6 所示,有 1 个按钮、2 个旋钮。

(1) 信号输入端子(CH1 或 CH2)。被测信号通过示波器探头由此端口输入。

(2) 使用垂直旋钮(POSITION)可以改变扫描线在屏幕垂直方向上的位置,顺时针旋转使扫描线上移,逆时针使扫描线下移。

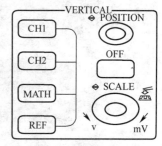

图 2-6 垂直控制区

(3) 灵敏度调节旋钮(SCALE)可以改变"V/DIV"垂直挡位。粗调是以 1-2-5 方式步进确定垂直挡位灵敏度。粗、细调是通过按垂直旋钮(SCALE)切换。

(4) "OFF"键关闭当前选择的通道。

(5) MATH(数学运算)功能的实现。数学运算功能是显示 CH1 和 CH2 通道波形相加、相减、相乘、相除以及 FFT 运算的结果。运算结果可以通过栅格或游标进行测量。每个波形只允许一项数学值操作。

(6) REF(参考波形)功能键的实现。实际测试过程中,可以与参考波形进行比较,从而判断故障原因。

3. 水平控制区

水平控制区(HORIZONTAL)中有 1 个按钮、2 个旋钮,如图 2-7 所示。

(1) 使用水平旋钮(POSITION)调整通道波形(包括数学运算)的水平位置。

(2) 扫描时间旋钮(SCALE)可以改变"S/DIV"水平挡位。水平扫描从 1ns 至 50s,以 1-2-5 的形式步进,在延迟扫描状态可达到 10ps/DIV。延迟扫描可按下 SCALE 旋钮可切换到延迟扫描状态。

(3) MENU 按钮。显示 TIME 菜单,在此菜单下,可以开启/关闭延迟扫描或切换 Y-T、X-T、X-Y 显示模式。

4. 触发控制区

触发区(TRIGGER)有 1 个旋钮(LEVER)、3 个按钮,如图 2-8 所示。

(1) 使用 LEVEL 旋钮可以改变触发电平位置。转动 LEVEL 旋钮,可以发现屏幕上出现一条橘红色的触发线以及触发标志,随旋钮转动而上下移动。停止转动旋钮,此触发线和触发标志会在 5s 后消失。在移动触发线的同时,可以观察到屏幕上触发电平的数值或百分比显示发生了变化。

(2) 使用 MENU 调出触发操作菜单,可以改变触发的设置。触发类型有边沿触发、脉宽触发和视频触发 3 种。选择边沿触发时,在输入信号的上升或下降边沿触发。选择视频触发是对标准视频信号进行场或行视频触发。脉宽触发是根据脉冲的宽度来确定触发时刻,可以通过设定脉宽条件捕捉异常脉冲。

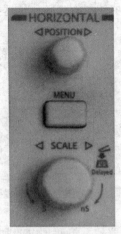
图2-7 水平控制器

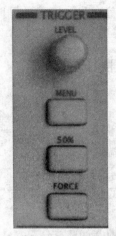
图2-8 触发控制区

触发方式选择分为正常、自动、单次触发3种。正常触发状态只执行有效触发。自动触发状态允许在缺少有效触发时获得功能自由运行,自动状态允许没有触发的扫描波形设定在100ms/DIV或更慢的时基上。单次触发状态只对一个事件进行单次获得。单次获得的顺序内容取决于获取状态。

(3) 50%按钮。设定触发电平在触发信号幅值的垂直中点。

(4) FURCE按钮。强制产生一触发信号,主要应用于触发方式中的普通和单次模式。

5. 功能区

在功能区一共有6个按钮,如图2-9所示,除此之外,还有1个执行按钮和1个启动/停止按钮。这些功能钮的名称以及它们所显示的功能表的内容分别介绍如下。

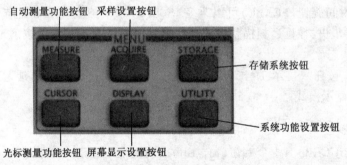
图2-9 功能区

(1) DISPLAY(屏幕显示设置)按钮。用于选择波形的显示状方式及改变波形的显示外观。显示类型包括矢量和光点两种。设定矢量显示方式时,显示出连续波形;设定光点显示方式时,只显示取样点。

持续时间指设定显示的取样点保留显示的一段时间。设定分1s、2s、5s、无限、关闭5种。当持续时间功能设为无限时,记录点一直积累,直到控制值被改变为止。

使用DISPLAY按钮弹出设置菜单,通过菜单控制按钮调整屏幕显示设置方式。

(2) STORAGE(存储系统)按钮。使用STORAGE按钮弹出存储设施菜单,通过菜单控制按钮设施存储或调出波形或设置。选择波形存储不但可以保存两个通道的波形,而且可以同时存储当前的状态设置。在存储器中可以永久保10种设置,并可在任意时刻重新写入设置。

(3) UTILITY(系统功能)按钮。使用该按钮弹出辅助系统功能菜单,根据需要进行功能设置。另外,在该功能按键中的菜单中的自校正程序可迅速地使示波器达到最佳状态,以取得最精确的测量值。在进行自校正时,应将所有探头或导线与输入连接器断开,然后进行自校正程序。

语言设定:可选择操作系统的显示语言。

(4) MEASURE(自动测量功能)按钮。按此按钮可以显示自动测量操作菜单,该菜单中可以测量10种电压参数和10种时间参数。

(5) CURSOR(光标测量功能)按钮。通过该按钮可以移动光标测量一对电压光标或时间光标的坐标值及二者间的增量。光标测量方式分3种:手动方式、追踪方式和自动测量方式。

① 手动方式。光标电压或时间方式成对出现,并可手动调整光标的间距。显示的读数即为测量的电压或时间值。当使用光标时,首先将信号源设定成所要测量的波形。注意:只有光标功能菜单显示时,才能移动光标。

② 追踪方式。水平与垂直光标交叉构成十字光标,十字光标自动定位在波形上,通过旋转对应的垂直控制区或水平控制区的 POSITION 旋钮可以调整十字光标在波形上的水平位置,同时显示光标的坐标。注意:只有光标追踪菜单显示时,才能水平移动光标。

③ 自动测量方式。通过此设定,在自动测量模式下,系统会显示对应的电压或时间光标,以揭示测量的物理意义。系统根据信号的变化,自动调整光标的位置,并计算相应的参数值。此方法在未选择任何自动测量参数时无效。

(6) ACQUIRE(采样设置)按钮。通过菜单控制按钮调整采样方式。在观察单次信号选用实时采样,观察高频信号选用等效采样方式,观察信号的包络避免混淆,选用峰值检测方式,期望减少所显示信号中的随机噪声,选用平均采样方式,平均值的次数可以选择。观察低频信号选择滚动模式方式,希望显示波形接近模拟示波器效果,选择模拟获取方式。

(7) AUTO(执行)按钮。自动设定仪器各项控制值,以产生适宜观察的波形显示。按该按钮能快速设置和测量信号。

(8) RUN/STOP(启动/停止)按钮。启动和停止波形获取。当启动获取功能时,波形显示为活动状态;停止获取,则冻结波形显示。在停止的状态下,对于波形垂直挡位和水平时基可以在一定的范围内调整,相当于对信号进行水平或垂直方向上的扩展。在水平挡位为50ms 或更小时,水平时基可向上或向下扩展5个挡位。

2.1.4 GOS-6021 双踪示波器简介及使用方法

GOS-6021 双踪示波器的面板如图 2-10 所示,分为屏幕显示控制系统、Y 轴控制系统、X 轴控制系统和触发控制系统4个部分。

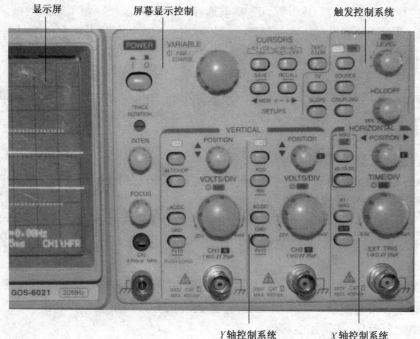

图 2-10　GOS-6021 示波器面板图

1. 屏幕显示控制系统

屏幕显示控制系统如图 2-10 所示。各开关与旋钮的名称、作用如下。

（1）电源开关（POWER）。此开关为自锁开关，按下此开关，接通仪器的总电源，再次按动，按钮弹起总电源关闭。

（2）扫描线旋转调节（TRACE ROTATION）。该旋钮用螺丝刀调节，使水平轨迹与刻度线成平行的调节钮。

（3）亮度调节旋钮（INTER）。此旋钮为一功能旋钮。旋转此旋钮可调节屏幕上扫描线的亮度。

（4）聚焦旋钮（FOCUS）。用此旋钮调节示波管的聚焦状态，提高显示波形、文字和游标的清晰度。

（5）校准信号（CAL）。此接线座输出幅度为 0.5V（峰峰值）、频率为 1kHz 的标准方波信号，用以校验 Y 轴灵敏度和 X 轴扫描速率。

（6）接地端子（GROUND SOCKER）。该接地端子接到示波器的外壳上。香蕉接头接到安全的地线，该接头可作为直流的参考电位和低频信号的测量。

（7）光标测量（CURSORS MEASUREMENT FUNCTION）。两个按钮和 VARIABLE 键组合使用。▽V-▽T-1/▽T-OFF 按钮：当按钮按下时，3 个量测功能将按以下次序选择。▽V：出现两个水平光标，根据 V/DIV 的设置，可计算两光标之间的电压。▽V 显示在荧光屏上部。▽T：出现两个垂直光标，根据 TIME/DIV 设置，可计算出两条垂直光标之间的时间，▽T 显示在荧光屏上部。1/▽T：出现两个垂直光标，根据 TIME/DIV 设置，可计算出两条垂直光标之间时间的倒数，1/▽T 显示在荧光屏上部。C1-C2-TRK 按钮：光标 1、光标

2,轨迹可由此按钮选择,按此键将按以下次序选择光标。C1:使光标 1 在荧光屏上移动(▼或▲符号显示)。C2:使光标 2 在荧光屏上移动(▼或▲符号显示)。TRK:同时移动光标 1 和光标 2,保持两个光标的间隔不变。

(8) 光标位置设定(VIRABLE)。通过旋转或按该键,可以设定光标位置,TEXT/ILLUM 功能。在光标模式中,按 VARIABLE 控制钮可以在 FINE(细调)和 COARSE(粗调)之间选择光标位置,如果旋转 VARIABLE,选择 FINE 调节,光标移动得慢,选择 COARSE 调节光标移动得快。在 TEXT/ILLUM 模式,这个控制钮用于选择 TEXT 亮度和刻度亮度。

(9) ▲ MEMO-0-9 ▲ SAVE/RECALL。此仪器包含 10 组稳定的记忆器,可用于储存和呼叫所有电子式的选择钮的设定状态。按▲或▲选择记忆位置,此时,"M"字母后 0~9 数字,显示储存位置。每按一下▲,储存位置的号码会一直增加,直到数字 9。按▲钮则一直减小到 0 为止。按住 SAVE 约 3s 将状态储存到记忆器,并显示"SAVE"信息,屏幕上有"↵"显示。

呼叫前面板设定状态。按住 RECALL 按钮 3s,即可呼叫先前设定状态,并显示"RECALL"的信息,屏幕上有"⌐→"显示。

(10) 读值亮度和刻度亮度(TEXT ILLUM)。按下此键可以打开或关闭该功能,顺时针旋转增加亮度,逆时针旋转则减小亮度。

2. Y 轴控制系统

(1) 信号输入端(CH1)或(CH2)。被测信号由此端口输入。

(2) 灵敏度调节旋钮(VOLTS/DIV VARIABLE)。该旋钮是一个双功能的旋钮,旋转此旋钮,可进行 Y 轴灵敏度的粗调,按 1-2-5 的分挡步进,灵敏度的值在屏幕上显示出来。按下此旋钮,在屏幕上通道标号后显示出">"符号,表明该通道的 Y 轴电路处于微调状态,再调节该旋钮,就可以连续改变 Y 轴放大电路的增益,此时,Y 轴的灵敏度刻度已经不准确,不能做定量测量。

(3) Y 轴位移旋钮(POSITION)。此旋钮可改变扫描线在屏幕垂直方向上的位置,顺时针旋转使扫描线上移,逆时针旋转使扫描线下移。

(4) 耦合方式选择(DC/AC)。用于选择交流耦合或直流耦合方式。当选择直流耦合方式时,屏幕上的通道灵敏度指示显示直流符号;当选择交流耦合方式时,屏幕上的通道灵敏度指示显示交流符号。

(5) 通道接地按钮(GND)。将此按钮按下,即将相应通道的衰减器的输入端接地,观察该通道的水平扫描基线,可确定零电平的位置。输入端接地时屏幕上电压符号 V 的后面出现接地符号"⏚"。再按一次该按钮,此符号消失。$P_X 10$:按住此按钮一段时间,取 1:1 或 10:1 的读出装置的通道偏向系数,10:1 的电压的探棒以符号表示在通道前(如 P10、CH1),在进行光标电压测量时,会自动包括探棒的电压因素,如果 10:1 衰减探棒不使用,符号不起作用。

(6) 显示信号相加按钮(ADD)。按一下后显示 Y1+Y2 波形,屏幕下方通道 2 数前有"+"号显示,输入信号相加或相减的显示由相位关系和 INV 的设定决定,两个信号将成为一个信号显示。为使测量正确,两个通道的偏转系数必须相等,再按则恢复。INV:按住此钮一段时间,设定 CH2 反向功能的开关,反向状态将在屏幕上显示"↓"号,反向功能会使 CH2 信号反向 180°显示。

(7) 外触发输入口(EXT TRIG)。外触发信号由此输入。

3. X 轴控制系统

(1) 水平移动旋钮(POSITION)。调节此旋钮可改变扫描线的左右位置。

(2) 扫描时间选择旋钮(TIME/DIV VARIABLE)。该旋钮为一双功能旋钮。用该旋钮粗调扫描时间,按 1 - 2 - 5 的分挡步进,屏幕上每格所代表的扫描时间显示于屏幕下方。按一下再旋转可作微调,屏幕显示">"符号;想解除再按一下便可。

(3) 扫描扩展按钮(MAG×1)。当此按钮被按下时,在示波器的右下角出现 MAG,此时,光标在屏幕水平方向的扫描速率增大一定的倍率,此按钮有 3 个挡次的放大倍率×5 - ×10 - ×20MAG。按 MAG 钮可以分别选择。ALT MAG:按下此钮,可以同时显示原始波形和放大波形。

4. 触发控制系统

(1) 触发源选择按钮(SOURCE)。选择触发信号的来源。根据所观察信号的情况分别选择 1 通道、2 通道、50Hz 交流电网(LINE)或外触发(EXT)作为触发信号的来源。触发源符号显示在屏幕上。

(2) 触发模式选择按钮(ATO/NML 及 LED 显示)。此按钮选择自动或常态触发模式,LED 会显示实际的设定。适合 50Hz 以上的信号,不管是否同步均有扫描线。NML(NORMAL):正常扫描,适合 50Hz 以下的信号,没有同步时无扫描线。

(3) 选择视频同步信号按钮(TV)。选择视频同步信号,从同步波形中分离出视频同步信号,直接连到触发电路,由 TV 按钮选择水平或混合信号。

(4) 触发斜率选择按钮(SLOPE)。此按钮选择信号的触发斜率以产生时基,每按一次,斜率方向会从下降沿移动到上升沿。

(5) 耦合方式选择按钮(COUPLING)。选择触发耦合方式,触发以下列次序改变 AC - HFR - LFR - AC。AC:将触发信号衰减到 20Hz 以下,阻断信号中的直流部分,交流耦合对有大的直流偏移的交流波形的触发很有帮助。HFR(HIGH FREQUENCY REJECT):将 50kHz 以上的高频部分衰减。LFR(LOW FREQUENCY REJECT):将 30kHz 以下的低频部分衰减。

(6) 触发电平旋钮(TRIGGER LEVEL)。调节它可以稳定波形。如果触发信号符合条件,TGE LED 亮。

(7) 释抑旋钮(HOLD OFF)。当信号波形复杂,不能获得稳定的波形时,旋转此钮可以调节 HOLD—OFF 时间来获得稳定波形。

(8) 外部触发信号输入端 BNC 插头(TRIG EXT)。一直按 TRIG SOURCE 按钮,直到在读出装置出现"EXT,SLOPE,COUOKUING"字样时,外部连接端被连接到仪器地端。

2.2　YB1731A/C 直流稳压电源

2.2.1　概述

YB1731A/C 直流稳压电源有稳压、稳流两种工作模式,这两种工作模式可随负载的变化而自动转换。两路电源可分别调整,也可跟踪调整,因此可以构成单极性或双极性电源。该电源具有较强的过流与输出短路保护功能,当外接负载过重或短路时,电源自动进入稳流工作状态。电源输出电压(电流)值由面板上的数字表直接显示,直观准确。

2.2.2 电源的性能指标

输出电压:0V~30V。

输出电流:0A~5A。

负载效应:稳压 5×10^{-4} mV + 2mV,稳流 20mA。

源效应:稳压 1×10^{-4} mV + 0.5mV,稳流 1×10^{-3} mA + 0.5mA。

纹波及噪声:稳压 1mVrms,稳流 1mArms。

输出调节分辨率:稳压 20mV,稳流 30mA。

显示精度:数字电压表,±1% +2 个字;数字电流表,±2% +2 个字;机械表头:2.5 级。

跟踪误差:±1%。

工作温度:0℃ ~ +40℃。

可靠性 MTBF:2000h。

2.2.3 YB1731A/C 电源面板介绍与使用方法

1. YB1731A/C 直流电源面板的介绍

YB1731A/C 直流电源的面板如图 2-11 所示,各部分的作用如下。

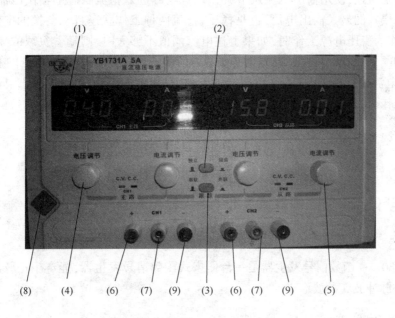

图 2-11 直流电源面板图

(1) 字显示窗。显示左右两路电源输出电压或电流的值。

(2) 电源独立、组合控制开关。此开关弹出,两路电源可独立使用。开关按入,电源进入跟踪状态。

(3) 电源串联、并联选择开关。此键按入,(2)开关弹出,为串联跟踪,此时,调节主电源电压调节旋钮,从路输出电压严格跟踪主路输出电压,使输出电压最高可达两路电压的额定之和。当(2)、(3)同时按入,为并联跟踪,此时,调节主电源电压调节旋钮,从路输出电压严格跟踪主路输出电压;调节主电源电流调节旋钮,从路输出电流跟踪主电路输出电流,使输出电流最高可达两路电流之和。

(4) 输出电压调节旋钮。调节左右两路电源输出电压的大小。

(5) 输出电流调节旋钮。调节电源进入稳流状态时的输出电流值,该值便为稳压工作状态模式的最大输出电流(输出电流达到该值,电源进入稳流状态时,电源自动进入稳流状态),所以在电源处于稳压状态时,输出电流不可调得过小,否则电源进入稳流状态时,不能提供足够的电流值。

(6) 左右两路电源输出的正极接线柱。

(7) 左右两路电源接地接线柱。

(8) 电源开关。交流输入电源开关。

(9) 左右两路电源输出的负极接线柱。

2. 使用直流电源时应注意的问题

(1) 输出电压的调节最好在负载开路时进行,输出电流的调节最好在负载短路时进行。

(2) 如上所述,使用输出电流调节旋钮设置电源进入稳流状态的输出电流值,该值便是稳压工作模式的最大输出电流,也是稳压、稳流两种工作状态自动转换的电流阈值。因此,当电源作为稳压电源工作时,如果上述电流阈值不够大时,则随着负载的减小,使输出电流增加到阈值后,就不再增加,这时电源失去稳压作用,会出现输出电压下降的现象,此时,应调节电流设置旋钮,加大输出电流的阈值,以使电源带动较重的负载。同样,在作为稳流电源工作时,其电压阈值也应适当调得大一些。

2.3 函数信号发生器

2.3.1 GFG-8015G 函数信号发生器简介

1. 概述

GFG-8015G 函数信号发生器是一台便携式函数信号发生器,能产生正弦波、三角波、方波、斜波、脉冲波 5 种波形。

2. 主要技术性能

(1) 输出频率。输出频率为 0.2Hz～2MHz(正弦波),按十进制共分 7 挡,如表 2-1 所列。

表 2-1　GFG 8015G 输出频率范围

按　键	频率范围	按　键	频率范围
×1	0.2Hz~2Hz	×10k	2kHz~20kHz
×10	2Hz~20Hz	×100k	20kHz~200kHz
×100	20Hz~200Hz	×1M	200kHz~2MHz
×1k	200Hz~2kHz		

(2) 输出阻抗。函数输出为 50Ω，TTL 输出为 600Ω。

(3) 输出信号波形。函数输出(对称或非对称输出)为正弦波、三角波、方波、正向或负向脉冲波、正向或负向锯齿波。TTL 为矩形波。

(4) 输出信号幅度。

函数输出：

不衰减，电压峰峰值在(1V~10V) ±10% 范围内连续可调；

按下衰减 20dB 按钮时，电压峰峰值在(0.1V~1V) ±10% 范围内连续可调；

按下衰减 40dB 按钮时，电压峰峰值在(0.01V~0.1V) ±10% 范围内连续可调；

同时按下 20dB 按钮、40dB 按钮时输出信号被衰减 60dB，电压峰峰值在(0.01V~0.001V) ±10% 内连续可调。

TTL 输出："0"电平≤0.8V，"1"电平≥1.8V(负载电阻≥600Ω)。

(5) 函数输出信号直流电平偏移(OFFSET)调节范围。

关断或调节范围为(-5V~+5V) ±10% (50Ω 负载)。

关断位置时输出信号的直流电平<(0±0.1)V；负载电阻≥1MΩ 时，调节范围为(-10V~+10V)10%。

(6) 函数输出信号衰减：0dB、20dB 和 40dB。

(7) 输出信号类别。输出信号类别包括单频信号、扫频信号和调频信号(受外控)。

(8) 函数信号输出非对称性(占空比)调节范围。关断或调节范围为 20%~80%，"关断"位置时输出波形为对称波形，误差≤2%。

(9) 扫描方式。内扫描方式为线性或对数，外扫描方式为 VCF 输入信号决定。

(10) 内扫描特性。扫描时间为(10ms~5s) ±10%，扫描宽度大于一个频程。

(11) 外扫描特性。输入阻抗约为 100kΩ，输入信号幅度为 0V~2V，输入信号周期为 10ns~5s。

(12) 输出信号特性。

正弦波失真度：<1%；

三角波线性度：>99%(输出幅度的 10%~90% 区域)；

脉冲波上升沿、下降沿时间(输出幅度的 10%~90%)：≤30ns；

脉冲波上升沿、下降沿过冲：≤5% V_0(50Ω 负载)。

测试条件：输出幅度为 5V(峰峰值)，频率为 10kHz，直流电平调节为"关断"位置，对称性调节为"关"位置，整机预热 10min。

(13) 输出信号频率稳定度。输出信号频率稳定度为 ±0.1/min，测试条件同上。

2.3.2 GFG-8015G 函数信号发生器使用说明

GFG-8015G 函数信号发生器的面板如图 2-12 所示。

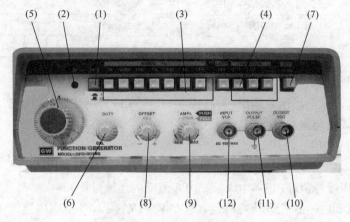

图 2-12 GFG-8015G 面板图

(1) 电源开关(POWER)。按下开关,电源接通。

(2) 电源灯指示。电源指示灯发亮表示接通电源。

(3) 频率选择开关(RANGE-Hz)。频率选择开关与频率微调组合使用来选择工作频率。

(4) 波形选择开关(FUNCTION)。按下相应波形选择按键即可选择所需输出波形。

(5) 频率微调。先由频率选择按钮(3)选定输出函数信号的频段,再由此旋钮调整输出信号频率,直到所需频率的值,即

所需频率 = "频率微调旋钮"调置的数值 × 频率倍乘开关所选的数值

(6) 占空比旋钮(DUTY)。输出波形形状由占空比控制。当旋钮处于校正(CAL)位置时,输出波形1:1,占空系数约50%。当置于非校正位置时,脉冲的占空比将发生连续变化。

(7) 输出信号幅度衰减开关 ATT(-20 dB)。当按下按键时输出信号幅值衰减-20dB。

(8) 直流偏置调节旋钮(OFFSET-ADJ)。当该旋钮被拉出(PULL)时,可有一个直流偏置电压被加到输出信号上。

(9) 输出幅值调节旋钮(AMPL/-20dB)。调整输出幅度大小,顺时针方向旋转幅值调节旋钮输出幅值增大。当调节旋钮拉出(PULL)时,输出信号幅值衰减-20dB。

(10) 输出端(OUTPUT/50Ω)。输出信号由该端子输出,输出阻抗50Ω。

(11) 压控振荡输入(INPUT VCF)。VCF 输入用于外加直流电压0V~+15V 变化时,将使频率降低1000:1。

(12) 逻辑电平输出端口(OUTPUT PULSE)。

2.3.3 GFG-8016H 函数信号发生器使用说明

GFG-8016H 函数信号发生器与上述的 8015G 属于同一类型的信号发生器,其基本功

能和使用方法类似，不再赘述。这里只对不同之处进行简单说明。

GFG-8016H 函数信号发生器带有频率显示窗口，用来显示输出信号的频率或外测频信号的频率，如图 2-13 所示。

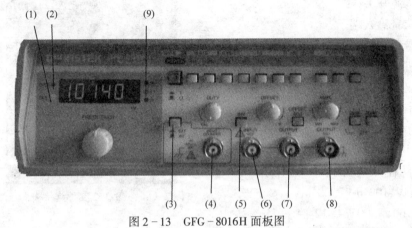

图 2-13 GFG-8016H 面板图

(1) 电源得电时该灯就开始闪烁，在内部计数时的 GATE TIME 时间为 0.01s。
(2) 在外部计数时，假如输入信号频率大于计数范围，该灯便会亮。
(3) INT/EXT 按钮。选择内部计数或外部计数模式(待测信号由 BNC 接头输入)。
(4) 外部计数信号由该端子输入。
(5) INVERT 按钮。按下此键可将所设波形的有效周期反相。
(6) 用于连接所需的电压控制频率操作的输入电压或外部调变的输入端。
(7) TTL 信号输出端子。输出标准的 TTL 幅度≥3V(峰峰值)的脉冲信号。
(8) 50Ω 主函数信号输出端子。
(9) 显示输出频率的单位，其单位分别为 MHz、kHz、MHz。

2.4 交流毫伏表

交流毫伏表是测量正弦电压有效值的电子仪表，可以对一般放大器和电子设备的电压进行测量。下面介绍 YB2172 晶体管毫伏表(图 2-14)的主要特性及其使用方法。

YB2172 晶体管毫伏表具有较高的灵敏度和稳定度，该表频带宽(5Hz～2MHz)，采用二级分压，测量电压范围广(100μV～300V)。电表指示为正弦波有效值。

1. 主要技术指标

(1) 测量电压范围：100μV～300V，共 12 个挡位。
(2) 测量电平范围：-60dB～+50dB(600Ω)。
(3) 被测电压频率范围：5Hz～2MHz。
(4) 输入阻抗：在 1kHz 时输入阻抗 10MΩ；输入电容在 1mV～0.3V 各挡约 50pF。
(5) 电压误差：1kHz 为基准，满度≤±3%。
(6) 使用电源：220V±10%，50Hz±4%，消耗功率 3W。

2. 仪器的面板及使用方法

1) 面板说明

(1) 电源开关。

(2) 信号输入端子。

(3) 量程选择开关。

(4) 机械调零旋钮。

(5) 仪表刻度盘。

(6) 信号输出端子(该信号输出是(2)端子的电压信号)。

2) 使用方法及注意事项

(1) 量程开关分为 1 mV、3 mV、10 mV、30mV、100 mV、300 mV、1V、3V、10V、30V、100V、300V 共 12 挡。

图 2-14　YB2172 交流毫伏表面板图

(2) 仪表刻度指示。表盘上有 3 条刻度线,选用不同的量程时可根据该量程的刻度线和倍率读出被测值。

(3) 开机前如指针不在零点处,可用螺丝刀将其调到机械零点处。

(4) 开机前尽量将量程旋钮调到最大量程处,当输入信号送到输入端后,调节量程旋钮,使表头指针尽量在满刻度的 2/3 区域内。

(5) 为确保测量结果的准确度,测量时仪表与被测电路共地。

2.5　数字万里表

数字万用表是一种数字显示的仪表,可以测量直流电阻、交流电压、交流电流、直流电压、直流电流、电容等。数字万用表的显示一般用三位半、四位半等表示,其中半位表示其首位只能显示"0"或"1"数码,其余各位都显示 0~9 的十进制数码。

1. 使用方法

数字万用表的使用方法如下。

(1) 测量前,功能开关置于被测量元器件所对应的位置,并选择好所需的量程,若不清楚时,先从最大量程测起,根据所测的数据再选合适的量程。

(2) 黑表笔始终置于"COM"端,红表笔根据被测参量的不同,插到相应的孔中。当红表笔插在"V.Ω"孔中时,可以测量电压或电阻,这时就看旋转开关选择的挡位了,当选择开关在电压挡位时,用测试表笔就可以测量待测电路的电压值,其值显示在显示器上。在测直流时,显示器会同时显示红表笔所连接的电压极性。注意:当量程在直流 200mV 或 2V,即使没有输入或连接测试笔,仪表也会有电压值显示,在此状况下,短接两个表笔,使仪表复零。在测量电阻时,测得的值和额定值不同,是因为仪表所输出的测试电流通过表笔通道所致。在测量低电阻时,为提高精度,先短接表笔读出短接时的电阻值,然后在测量被测电阻后减去短接时的电阻值。当显示器显示"1"时,表示测量值超出量程了,这时增加量程即可。

(3) 测量电流。当开路电压对地的电压值超过 250V 时,不能在电路上进行电流测量。在测量时,应使用正确的输入插座、功能挡位和量程。在测量时一定要将表串联在所测试的支路中,切勿把测试表笔并联在任何电路上。

(4) 测量电容时,将选择开关切换到测量电容的挡位后进行测量。在测量大电容时,稳定读数需要一定的时间;当低于 20nF 时,应考虑仪表和导线的分布电容。

(5) 测量三极管的 β 值时,将三极管测量座插入后,将旋转开关转至"hFE"挡位并判断晶体管是 NPN 型或 PNP 型,然后将 3 个管脚分别接入相应的孔中读出近似的 β 值。

2. 注意事项

(1) 在使用时,若显示" +   - "标记,表示电池电压不足,需要更换电池。

(2) 欧姆挡位不能在带电的情况下测量电阻。检查线路通断时,当线路电阻小于 300Ω,蜂鸣器报警。

2.6 计 数 器

1. YB3371 多功能计数器简介

该计数器是一台测频范围为 1Hz~1.5GHz 的多功能计数器。其主要功能:A、B 通道测频、A 通道测周期及 A 通道计数等。

2. 主要技术指标

(1)输入特性。

测频范围:A 通道,1Hz~1.5GHz;B 通道,1Hz~3GHz。

输入阻抗:A 通道,1MΩ/40pF;B 通道,50Ω。

最大输入:A 通道,50V(峰峰值);B 通道,1V(均方根值)。

测周范围:10ns~1s。

计数容量:0~99999999。

适应波形:正弦波、三角波、脉冲波。

闸门时间:10ms/100ms/1s/10s。

(2)电源:220V±10%;50Hz。

3. 功能说明

YB3371 计数器的面板图如图 2-15 所示。

(1) 电源开关。

(2) A 通道 BNC 输入端。

(3) B 通道 BNC 输入端。

(4) A 通道频率功能键。

(5) A 通道周期功能键。

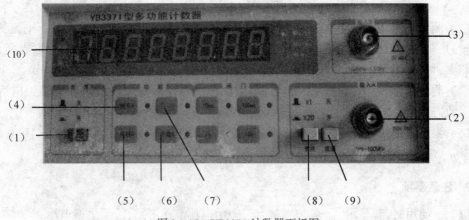

图 2-15　YB3371 计数器面板图

(6) A 通道计数功能键。
(7) B 通道频率功能键。
(8) A 通道衰减按钮。
(9) 低通开关。
(10) LED 显示屏。

2.7　电子测量仪器的选择

由于测量仪器在不同的频段,即使功能相同的仪器,其工作原理与结构也有很大的不同。而对于使用目的的不同,也常使用不同精确度级的仪器。通常,选择仪器时应注意考虑的问题包括以下几方面。

(1) 量程。被测量的最大值和最小值各为多少？选择何种仪器更合适？
(2) 准确度。被测量允许的最大误差是多少？仪器的误差及分辨率是否满足要求？
(3) 频率特性。被测量的频率范围是多少？在此范围内仪器频响是否平直？
(4) 仪器的输入阻抗在所有量程内是否满足要求？如果输入阻抗不是常数,其数值变化是否在允许范围内？
(5) 稳定性。两次校准之间允许的最大时间范围是多少？能否在长期无人管理下工作？
(6) 环境。仪器使用环境是否满足要求？供电电源是否合适？

第 3 章

常用电路元器件的识别与主要性能参数

电路是由电阻、电容、电感元件和各种半导体器件组成的,本章介绍它们的结构与主要性能参数。

3.1 电阻器的简单识别与型号命名方法

3.1.1 电阻器的分类

电阻器能稳定和调节电路中的电压和电流,还可以做分压器和消耗电能的负载。

电阻器可以分为固定电阻和可变电阻两大类。

根据制作材料和工艺的不同,电阻器可分为膜式电阻、实芯电阻、金属线绕电阻和特殊电阻等类型。

膜式电阻包括碳膜电阻、金属膜电阻、合成膜电阻和氧化膜电阻等。

实芯电阻包括有机实芯电阻和无机实芯电阻。

特殊电阻包括光敏电阻、热敏电阻和压敏电阻。

可变电阻器分为滑线变阻器和电位器。其中电位器应用最广泛,它有 3 个接头,其值是在标注的范围内连续调节。

电位器又可分为以下几种。

(1) 电位器按材料可分为薄膜和线绕两种。薄膜又分(WTX)小型碳膜电位器、(WTH)合成碳膜电位器、有机实芯电位器、精密合成膜电位器和多圈合成膜电位器等。其误差一般不大于 ±2%。线绕电位器的代号是 WX 型,其误差一般不大于 ±10%,其阻值、误差和型号均标在电位器上。

(2) 电位器按调节机构可分为单联、多联、带开关、不带开关等。开关形式又分旋转式、推拉式、按键式等。

(3) 电位器按用途可分为普通式、精密式、功率式和专用式等。

(4) 电位器按阻值随转角变化关系又可分为线性和非线性。

它们的特点分别如下。

① X 式(直线式)。用于示波器的聚焦和万用表的调零。

② D 式(对数式)。用于电视机对比度的调节,即电位器阻值与动角点位置成对数关系,即调节时先粗调后细调。

③ Z 式(指数式)。电位器阻值与动角点位置成指数关系,即调节时先细调后粗调。

以上这些都印在电位器上,使用时应注意选择。

3.1.2 电阻器的型号命名方法

电阻器的型号命名方法如表 3-1 所列。

表 3-1 电阻的型号命名方法

第一部分		第二部分		第三部分		第四部分
用字母表示主称		用字母表示材料		用数字或字母表示特征		用数字表示序号
符号	意义	符号	意义	符号	意义	
R	电阻器	T	碳膜	1,2	普通	
W	电位器	P	硼碳膜	3	超高频	
		U	硅碳膜	4	高阻	
		C	沉积膜	5	高温	
		H	合成膜	7	精密	
		I	玻璃釉膜	8	电阻器——高压	额定功率
		J	金属膜		电位器——特殊函数	阻值
		Y	氧化膜	9	特殊	允许误差
		S	有机实芯	G	高功率	精度等级
		N	无机实芯	T	可调	
		X	线绕	X	小型	
		R	热敏	L	测量用	
		G	光敏	W	微调	
		M	压敏	D	多圈	

3.1.3 电阻器的主要性能指标

1. 额定功率

电阻器的额定功率是在规定的环境温度下,假定周围空气不流通,在长期连续负载而不损坏或基本不改变性能的情况下,电阻器上允许消耗的最大功率。当超过额定功率时,电阻器的阻值将发生变化,甚至发热烧毁。一般在选择时,要高出额定功率的 1 倍~2 倍。

额定功率分 19 个等级,分别为 $\frac{1}{20}$W、$\frac{1}{8}$W、$\frac{1}{4}$W、$\frac{1}{2}$W、1W、2W、4W、5W、7W、8W、10W 等。

第3章 常用电路元器件的识别与主要性能参数

2. 标称阻值

标称阻值是标称在电阻上的电阻值,单位有 Ω、kΩ、MΩ。

标称值是根据国家制定的标准系列标注的,不是生产者任意标定的。

因电阻生产出的实测值与标称值必然有一定的偏差,所以不是所有阻值的电阻都存在,而是规定了一定的系列值。

E24(误差±5%):1.0、1.1、1.2、1.3、1.5、1.6、1.8、2.0、2.2、2.4、2.7、3.0、3.3、3.6、3.9、4.3、4.7、5.1、5.6、6.2、6.8、7.5、8.2、9.1。

E12(误差±10%):1.0、1.2、1.5、1.8、2.2、3.0、3.9、4.7、5.6、6.8、8.2。

E6(误差±20%):1.0、1.5、2.2、3.3、4.7、6.8。

任何固定电阻器的阻值数值乘以 10^nΩ,其中 n 为整数。

对于更高精度的电阻器,其系列代号可进一步扩展为 E48 和 E96,相应的容许误差更小。

3. 允许误差

允许误差是指电阻器和电位器实际阻值对于标称阻值的最大允许偏差范围。它表示产品的精度。

电阻器的阻值和误差一般都用数字标在电阻器上,但一些体积小的合成电阻器,常用色环来表示。离电阻器较近的一端画有4道或5道(精密电阻)色环。从左开始,第一道色环、第二道色环以及精密电阻的第三道色环都表示其相应位数的数字。其后一道色环表示前面数字再乘以 10^n 次方,最后一道色环表示阻值的容许误差。不同颜色的色环代表不同的数值,其表示数值为棕1、红2、橙3、黄4、绿5、蓝6、紫7、灰8、白9、黑0、金±5%、银±10%。

例如,四色环电阻器棕、灰、红、金。$R = (1 \times 10 + 8) \times 10^2 Ω = 1800Ω$,其标称电阻值为1800Ω,允许误差为±5%。

五色环电阻器的色环分别为棕、紫、绿、银、棕。其标称电阻值为1.75Ω,允许误差为±10%。

4. 最高工作电压

最高工作电压是由电阻最大电流密度、电阻体击穿及其结构等因素所规定的工作电压限度。

3.1.4 电位器

电位器是有3个接头的可变电阻器。常用的电位器有 WTX 型小型碳膜电位器、WTH 型合成电位器、WX 型有机实芯电位器等。根据用途不同,薄膜电位器按轴旋转角度与实际阻值间的变化关系可分为直线式、指数式和对数式3种。电位器有带开关的和不带开关的。

3.1.5 电位器和电阻器的电路符号

电位器和电阻器的电路符号如图3-1所示。

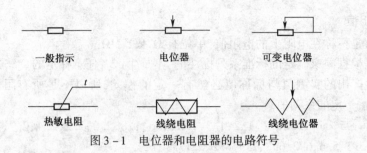

图 3-1 电位器和电阻器的电路符号

3.1.6 选用电阻器常识

(1) 根据需要选择和标称值最接近的电阻器,误差等级根据要求选择。

(2) 所选的电阻器的额定功率应大于 2 倍以上的实际承受的功率,以保证长期工作的可靠性。

(3) 在使用时将电阻标称值的标志向上,并保持标志顺序一致,以便观察。

(4) 选用电阻值是要考虑电路中的信号频率,高频电路的分布参数越小越好,一般选金属膜电阻和金属氧化膜电阻。低频电路线绕电阻、碳膜电阻都可以使用。

3.2 电容器的简单识别与型号命名方法

3.2.1 电容器的分类

电容器是一种储能元器件。在电路中用于调谐、滤波、耦合、旁路、能量转换和延时等。

电容器的种类按结构可分固定电容器、可变电容器和微调电容器。

按电容介质材料分为以下几种。

(1) 电解电容器。以铝、钽、铌、钛等金属膜作介质的电容器。应用最广的是铝电解电容器。它容量大、体积小、耐压高,一般在 500V 以下,常用于交流旁路和滤波。其缺点是容量的误差大,且随频率而变动,绝缘电阻低。电解电容有正负极之分,外壳为负端,另一头为正端。一般在外壳上有标记,若无标记,则引线长的一端为正端、短的为负端。在使用时不能接反,如果接反,电解作用会反向进行,使得氧化膜变薄,漏电流急剧增加,如果所加的直流电压过大,电容很快发热,甚至引起爆炸。

由于铝电容有不少缺点,在要求较高的地方常用钽、铌或钛电容。它们比铝电解电容的漏电流小,体积小,但成本高。

(2) 云母电容器。以云母片作为介质的电容器。它的高频性能稳定,损耗小,漏电流小,耐压高(能达几千伏),但容量小(从几十皮法到几万皮法)。

(3) 瓷介电容器。以高介电常数、低损耗的陶瓷材料为介质,故体积小,损耗小,温度系数小,可工作在超高频范围,但耐压低,容量小。

(4) 玻璃釉电容。以玻璃釉为介质,它具有瓷介电容的优点,且体积小、耐温性能好。

(5)纸介电容器。以铝箔或锡箔做成,绝缘介质用浸蜡的纸,相叠后卷成圆柱体,外包防潮物质,有时外壳采用密封的铁壳以提高防潮性。大容量的电容器常在铁壳里灌满电容器油或变压器油,以提高耐压值,故称为油浸纸介电容器。纸介电容器的优点是在一定体积内可以得到较大的电容量,结构简单,价格低廉。其缺点是介质损耗大,稳定性不高。主要用于低频电路的旁路和隔直。其容量一般在 100pF ~ 10μF。

(6)有机薄膜电容。用聚苯乙烯、聚四氟乙烯或涤纶等有机薄膜代替纸介质做成的各种电容器。与纸介电容器相比,它体积小、耐压高、损耗小、绝缘电阻大、稳定性好,但温度系数大。

3.2.2 电容器型号的命名方法

国产电容器型号的命名由四部分组成,各部分的含义如表 3 – 2 所列。

表 3 – 2 电容器型号命名法

第一部分		第二部分		第三部分		第四部分
用字母表示主称		用字母表示材料		用字母表示特征		用字母或数字表示序号
符号	意义	符号	意义	符号	意义	
C	电容器	C	瓷介	T	铁电	包括品种、尺寸代号、温度特性、直流工作电压、标称值、允许误差、标准代号
		I	玻璃釉	W	微调	
		O	玻璃膜	J	金属化	
		Y	云母	X	小型	
		V	云母纸	S	独石	
		Z	纸介	D	低压	
		J	金属化纸	M	密封	
		B	聚苯乙烯	Y	高压	
		F	聚四氟乙烯	C	穿心式	
		L	涤纶(聚酯)			
		S	聚碳酸酯			
		Q	漆膜			
		H	纸膜复合			
		D	铝电解			
		A	钽电解			
		G	金属电解			
		N	铌电解			
		T	钛电解			
		M	压敏			
		E	其他材料电解			

示例:CZX – 25 – 0.33 – ±10%电容器的含义。
　　C 表示电容器;Z 表示材料为纸介;X 表示特征为小型;25 是电容器的额定电压,单位为 V;0.33 表示电容量;±10%表示允许误差

3.2.3 电容器的主要性能技术指标

1. 电容量

电容量是指在电容上加电压后,储存电荷的能力。常用的单位是法(F)、微法(μF)、皮法(pF)。三者的关系为

$$1F = 10^6 \mu F = 10^{12} pF$$

通常在电容上都直接标注其容量,也有用数字来标注容量的。例如,有的标注的数字为"103"三位数值,左起数字给出电容量的第一位、第二位数字,第三位数字表示附加上零的个数,以 pF 为单位。故"103"表示该电容的电容量为 $10 \times 10^3 pF$。

2. 标称电容量

标称电容量是标注在电容上的"名义"电容量。我国固定式电容标称电容量的系列为 E24、E12、E6,如表 3-3 所列。电解电容的标称容量参考系列为 1、1.5、2.2、3.3、4.7、6.8(以 μF 为单位)。

表 3-3 标称电容量

系列代号	E24	E12	E6
允许误差	±5%(Ⅰ)或(J)	±10%(Ⅱ)或(K)	±20%(Ⅲ)或(M)
标称容量对应值	10;11;12;13;15;16;18;20;22;24;27;30;33;36;39;43;47;51;56;62;68;75;82;90	10;12;15;22;27 22;27;33;39;47;56;68;82	10;15;22;23;47;68

注:标称电容量为表中数值或表中数值再乘以 10^n,其中 n 为正整数或负整数,单位为 pF

3. 电容器的耐压

电容器的耐压是指在规定的工作温度范围内长期、可靠地工作所能承受的最高电压。常用固定式电容的直流工作电压系列为 6.3V、10V、16V、25V、40V、63V、100V、160V、250V、400V。

4. 电容容许误差等级

电容允许误差是实际电容量对于标称电容量的最大允许偏差范围。固定电容的允许误差分 8 个等级,如表 3-4 所列。

表 3-4 允许误差等级

允许误差	±1%	±2%	±5%	±10%	±20%	+20%~-30%	+50%~-20%	+100%-10%
级别	01	02	Ⅰ	Ⅱ	Ⅲ	Ⅳ	Ⅴ	Ⅵ

5. 绝缘电阻

绝缘电阻是指加在电容上的直流电压与通过它的漏电流的比值。一般在 5000MΩ 以上。

3.2.4 电容的标注方法

(1) 直标法。容量单位:F(法拉)、μF(微法)、nF(纳法)、pF(皮法或微微法)。例如,4n7 表示 4.7nF 或 4700pF,0.22 表示 0.22μF,51 表示 51pF。有时用大于 1 的两位以上的数字表示单位为 pF 的电容,例如,101 表示 100pF。有时用小于 1 的数字表示单位为 μF 的电容,例如,0.1 表示 0.1μF。

(2) 数码表示法。一般用三位数字来表示容量的大小,单位为 pF。前两位为有效数字,后一位表示位率。即乘以 10^i,i 为第三位数字,若第三位数字为 9,则乘 10^{-1}。如 223J 代表 $22×10^3 pF=22000pF=0.22μF$,允许误差为 5%;又如 479K 代表 $47×10^{-1}pF$,允许误差为 10% 的电容。这种表示方法最为常见。

(3) 色码表示法。这种表示法与电阻的色环表示法类似,颜色涂于电容的一端或从顶端向引线排列。色码表示时,一般只有 3 种颜色,前两环为有效数字,第三环为位率,单位为 pF。有时色环较宽,如红红橙,两个红色环涂成一个宽的,表示 22000pF。

3.2.5 电容的电路符号

电容器的电路符号如图 3-2 所示。

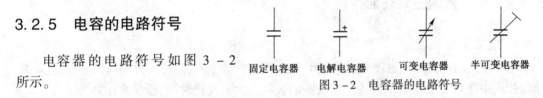

图 3-2 电容器的电路符号

3.2.6 选用电容器注意的事项

(1) 在使用电容器前先进行测量,确定该电容在正常状况下接入电路,并注意电容器的标志易于看到,且顺序要一致。并联时耐压取决于小的电容;在容量不同的电容器进行串联时,容量小的电容器所承受的电压要高于容量大的电容器所承受的电压。

(2) 注意:加在电容器上的电压不能超过其耐压值。如果是带极性的电容注意其极性不能接反。

(3) 在使用过程中若容量不合适时,可以采用串、并联的方式去解决。当两个工作电压不同的电容并联时,耐压值取决于低的电容器;当容量不同的电容串联时,容量小的电容器所承受的电压高于容量大的电容器所承受的电压。

(4) 选用电容器时要注意适合信号频率需要。

3.3 电感器的简单识别与型号命名方法

3.3.1 电感器的分类

电感器一般用线圈做成。为了增加电感量 L,提高品质因素 Q 和减小体积,通常在线圈中加软磁性材料的磁芯。

电感器可分为固定式、可变式和微调式 3 种。

可变电感器的电感量可利用磁芯在线圈内移动而在较大的范围内调节。它与固定电容器配合应用于谐振电路中起调谐作用。电感器的符号如图3－3所示。

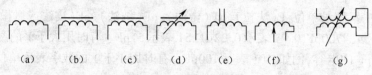

图3－3 电感器的符号

(a)电感器线圈；(b)带磁芯、铁芯的电感器；(c)磁芯有间隙的电感器；
(d)带磁芯连续可调电感器；(e)有抽头电感器；(f)步进移动触电的可变电感器；(g)可变电感器。

微调电感器可以满足整机调试的需要和补偿电感器生产中的分散性，一次调好后，一般不再变动。

除此之外，还有一些小型电感器，如色码电感器、平面电感器和集成电感器，可满足电子设备小型化的需要。

3.3.2 电感器的主要性能指标

1. 电感量 L

电感量是指电感器通过变化的电流时产生感应电动势的能力，其大小与磁导率 μ、线圈单位长度中匝数 n 及体积 V 有关。当线圈的长度远大于直径时，电感量的计算公式为

$$L = \mu n^2 V$$

其单位是 H(亨)、mH (毫亨)、μH(微亨)。它们之间的关系为

$$1H = 1 \times 10^3 mH = 1 \times 10^6 \mu H$$

2. 品质因数 Q

品质因数是指电感器在某一频率的交流电压下工作时，所呈现的感抗与其等效损耗电阻之比。电感器的 Q 值越高，其损耗越小，效率越高。一般要求 Q 值为 50～300，即

$$Q = \frac{\omega L}{R}$$

式中：ω 为工作角频率；L 为线圈电感量；R 为线圈的等效损耗电阻。

3. 额定电流

额定电流是指能保证电路正常工作的工作电流。有一些电感线圈在电路工作时，工作电流较大，如高频扼流圈、大功率谐振线圈以及电源滤波电路中的低频扼流圈等。对于它们的额定电流，在选用时应作为考虑的重要因素。当工作电流大于电感线圈的额定电流时，电感线圈就会发热而改变其原有参数，严重时甚至会损坏线圈。

3.3.3 电感器选用常识

(1) 选电感器时一定注意使用的频率范围。铁芯线圈只能用于低频电路；一般铁氧体线圈、空芯线圈可用于高频电路。除了知道其电感量外不能忽略它的直流电阻值。

(2) 线圈是磁感应元器件,它会对周围的电感性元器件产生影响。在使用时应注意其相互之间的位置,并尽量消除其影响。

3.4 常用半导体器件的型号及命名方法

半导体二极管和三极管是组成分立元器件电子电路的核心器件。二极管可用于整流、检波、稳压、混频电路中。三极管用于放大电路和开关电路中。它们的管壳上都印有规格和型号。其型号命名方法如表3-5所列。

表3-5 半导体器件型号命名法

第一部分		第二部分		第三部分		第四部分	第五部分
用数字表示器件的电极数目		用字母表示器件的材料和极性		用字母表示器件的类别		用数字表示器件的序号	用字母表示规格号
符号	意义	符号	意义	符号	意义		
2	二极管	A	N型锗材料	P	普通管		
		B	P型锗材料	V	微波管		
		C	N型硅材料	W	稳压管		
		D	P型硅材料	C	参量管		
3	三极管	A	PNP型锗材料	Z	整流管	序号表明极限参数、直流参数和交流参数等的差别	表明管子承受反向击穿电压的程度
		B	NPN型锗材料	L	整流堆		
		C	PNP型硅材料	S	隧道管		
		D	NPN型硅材料	N	阻尼管		
		E	化合物材料	U	光电器件		
				K	开关管		
				X	低频小功率管(F_a<3MHz,P_C<1W)		
				G	高频小功率管(F_a≥3MHz,P_C<1W)		
				D	低频大功率管(F_a<3MHz,P_C≥1W)		
				A	高频大功率管(F_a≥3MHz,P_C≥1W)		
				T	半导体闸流管(可控整流器)		
				Y	体效应器件		
				B	雪崩管		
				J	阶跃恢复管		
				CS	场效应器件		
				BT	半导体特殊器件		
				FH	复合管		
				PIN	PIN型管		
				JG	激光器件		
示例:3AG11C(3表示三极管、A为NPN型、锗材料、G为高频小功率、11为序号、C为规格号							

3.4.1 二极管的识别与测试

1. 普通二极管的识别与简单测试

普通二极管一般分为玻璃封装和塑料封装两种,它们外壳上都印有型号和标记。标记箭头所指向为 N 极。有的二极管只有色点,有色点的一端为 P 极。

晶体二极管由一个 PN 结组成,具有单向导电性,其正向电阻小(一般为几百欧)而反向电阻大(一般为几十千欧至几百千欧),利用此特性进行判别。

(1) 管脚极性判别。将指针式万用表的欧姆挡拨到 $R\times100$(或 $R\times1k$)上,把二极管的两只管脚分别接到万用表的两根测试笔上,如果测出的电阻较小(约几百欧),则与万用表黑表笔相接的一端是正极,另一端就是负极。相反,如果测出的电阻较大(约几百千欧),那么,与万用表黑表笔相连接的一端是负极,另一端就是正极。

(2) 判别二极管质量的好坏。一个二极管的正、反向电阻差别越大,其性能就越好。如果双向电阻值都较小,说明二极管质量差,不能使用;如果双向阻值都为无穷大,则说明该二极管已经断路。如双向阻值均为零,说明二极管已被击穿。

利用数字万用表的二极管挡也可判别正、负极,此时,红表笔(插在"V.Ω"插孔)带正电,黑表笔(插在"COM"插孔)带负电。用两支表笔分别接触二极管两个电极,若显示值在 1V 以下,说明管子处于正向导通状态,红表笔接的是正极,黑表笔接的是负极。若显示溢出符号"1",表明管子处于反向截止状态,黑表笔接的是正极,红表笔接的是负极。用数字式万用表去测二极管时,红表笔接二极管的正极,黑表笔接二极管的负极,此时测得的阻值才是二极管的正向导通阻值,这与指针式万用表的表笔接法刚好相反。

2. 特殊二极管的识别与简单测试

(1) 发光二极管(LED)。发光二极管通常是用砷化镓、磷化镓等制成的半导体器件。它在电路或仪器中作为指示灯,或构成文字或数字显示。它具有工作电压低、耗电少、响应速度快、抗冲击、耐振动、性能好以及轻而小的特点。

发光二极管在正向导通时才能发光。其颜色有多种,如红、绿、黄等,形状有圆形和长方形等。其极性由管脚的长短区分,管脚长的为 P 极,相对短的为 N 极。发光二极管正向导通时的工作电压一般在 1.5V~3V,允许通过的电流一般为 2mA~20mA,亮度由流过的电流大小决定。发光二极管的反向击穿电压约 5V。它的正向伏安特性曲线很陡,使用时必须串联限流电阻以限制通过管子的电流。限流电阻 R 可用下式计算,即

$$R = \frac{E - U_F}{I_F}$$

式中:E 为电源电压;U_F 为 LED 的正向压降;I_F 为 LED 的一般工作电流。

若与 TTL 组件相连使用时,一般需要串接一个 470Ω 的电阻,以防器件损坏。

(2) 稳压管。稳压管有玻璃、塑料封装和金属外壳封装两种。玻璃、塑料封装的与普通二极管相似;金属外壳封装的与三极管相似,其内部为两个稳压二极管组成,它具有温度补偿作用。稳压二极管在电路中常用"ZD"加数字表示,如 ZD5 表示编号为 5 的稳压管。

稳压管也是一种晶体二极管,它是利用 PN 结的击穿区具有稳定电压的特性来工作的。

稳压管在稳压设备和一些电子电路中获得广泛的应用。把这种类型的二极管称为稳压管，以区别用在整流、检波和其他单向导电场合的二极管。稳压二极管的特点就是击穿后，其两端的电压基本保持不变。这样，当把稳压管接入电路以后，若由于电源电压发生波动，或其他原因造成电路中各点电压变动时，负载两端的电压将基本保持不变。稳压管反向击穿后，电流虽然在很大范围内变化，但稳压管两端的电压变化很小。利用这一特性，稳压管在电路中能起稳压作用。因为这种特性，稳压管主要作为稳压器或电压基准元器件使用。

(3) 光电二极管。光电二极管是将光信号转换为电信号的半导体器件，其符号如图3-4所示。在光电二极管的管壳上备有一个玻璃口，以便接受光。它可以用于光的测量。光电二极管是在反向电压作用下工作的，没有光照时，反向电流极小，称为暗电流；当有光照时，反向电流迅速增大到几十微安，称为光电流。光的强度越大，反向电流也越大。光的变化引起光电二极管电流变化，这就可以把光信号转换成电信号。若制成大面积的光电二极管时，便可作为一种能源，叫光电池。

(4) 变容二极管。变容二极管在电路中能起到可变电容的作用，其结电容随反向电压的增加而减小。光电二极管和变容二极管的符号如图3-4所示。变容二极管主要用于高频及通信电路中，如变容二极管调频电路。

图3-4　光电二极管和变容二极管符号图

变容二极管有玻璃外壳封装（玻封）、塑料封装（塑封）、金属外壳封装（金封）和无引线表面封装等多种封装形式。通常，中小功率的变容二极管采用玻封、塑封或表面封装，而功率较大的变容二极管多采用金封。

3.4.2　三极管的识别与简单测试

三极管按其结构分为两种类型：NPN型和PNP型。一般根据命名方法从三极管管壳上的符号可以识别型号和类型。三极管的电流放大系数 β 可以通过色标判断其范围值：黄色表示 β 值的范围为30~60；绿色的范围为50~110；蓝色的范围为90~160；白色的范围为140~200。也有的厂家不按此规定，在使用时要注意。

对于小功率三极管，有金属外壳和塑料外壳封装两种。在辨别三极管管脚时，金属外壳封装的小功率三极管，如果管壳上带有定位销，将三极管的管底朝上，从定位销开始按顺时针方向，3个管脚依次为e、b、c。如果无定位销，根据图3-5所示判定。

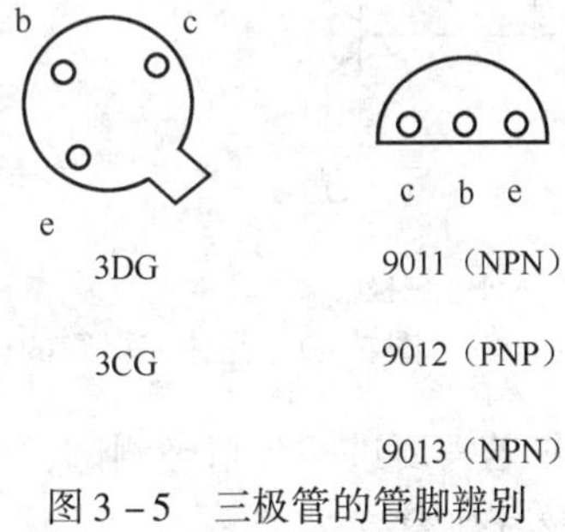

当三极管没有任何标记时，可以用指针式万用表初步判定其好坏及其管型，并辨别出管脚。

(1) 质量判别。可以把晶体三极管的结构看作是两个背靠背的PN结，对NPN型三极管来说基极是两个PN结的公共阳极，对PNP型三极管来说基极是两个PN结的公共阴极，分别如图3-6所示。

图3-5　三极管的管脚辨别

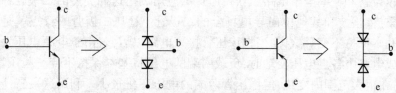

图 3-6　晶体三极管结构示意图

（2）管型与基极的判别。指针式万用表置于电阻挡,量程选 1k 挡（或 $R\times 100$）,将万用表任一表笔先接触某一个电极并假定该极为基极,另一表笔分别接触其他两个电极,当两次测得的电阻均很小（或均很大）,假定的电极就是基极,如两次测得的阻值一大、一小,相差很多,则前者假定的基极有错,应更换其他电极重测。

根据上述方法,可以找出基极 b,若公共极是阳极,该管属 NPN 型管,反之则是 PNP 型管。

（3）发射极与集电极的判别。为使三极管具有电流放大作用,发射结需加正偏置,集电结加反偏置,如图 3-7 所示。

当三极管基极 b 确定后,便可判别集电极 c 和发射极 e,同时还可以大致了解穿透电流 I_{CEO} 和电流放大系数 β 的大小。

以 PNP 型的三极管为例,若用红表笔（对应表内电池的负极）接集电极 c,黑表笔接 e 极（相当 c、e 极间电源正确接法）,如图 3-8 所示,这时指针式万用表指针摆动很小,它所指示的电阻值反映管子穿透电流 I_{CEO} 的大小（电阻值大,表示 I_{CEO} 小）。如果在 c、b 间跨接一只 $R_B=100\text{k}\Omega$ 电阻,此时指针式万用表指针将有较大摆动,它指示的电阻值较小,反映了集电极电流 $I_C=I_{CEO}+\beta I_B$ 的大小,且电阻值减小越多,表示 β 越大。如果 c、e 极接反（相当于 c、e 间电源极性反接）,则三极管处于倒置工作状态,此时电流放大系数很小（一般小于 1）,于是万用表指针摆动很小。因此,比较 c、e 极两种不同电源极性接法,便可判断 c 极和 e 极了。同时还可大致了解穿透电流 I_{CEO} 和电流放大系数 β 的大小,如万用表上有 h_{FE} 插孔,可利用 h_{FE} 来测量电流放大系数 β。

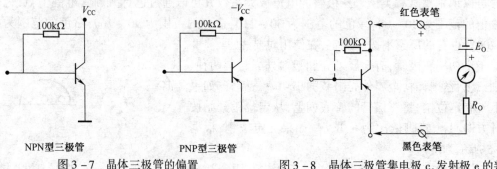

图 3-7　晶体三极管的偏置　　　　图 3-8　晶体三极管集电极 c、发射极 e 的判断

若需要进一步精确测试,可以用晶体管测试仪,测出三极管的输入特性、电流放大系数 β 及其他参数。

3.5 集成电路型号命名方法

3.5.1 型号命名方法

1. 现行国际规定的集成电路命名方法

集成器件的型号由5部分组成,各部分符号及意义如表3-6所列。

表3-6 集成电路器件的组成及各部分符号的意义

第0部分	第1部分	第2部分	第3部分	第4部分
用字母表示器件符合国家标准	用字母表示器件的类型	用阿拉伯数字表示器件的系列和品种代号	用字母表示器件的工作温度范围	用字母表示器件的封装
符号及意义	符号及意义	符号及意义	符号及意义	符号及意义
C 中国制造	T TTL H HTL E ECL C CMOS M 存储器 μ 微型继电器 F 线性放大器 D 音响、视频电路 W 稳压器 J 接口电路 B 非线性电路 AD A/D 转换器 DA D/A 转换器 SC 通信专用电路 SS 敏感电路 SW 钟表电路 SJ 机电仪表电路 SF 印件电路 …	TTL 分为: 54/74×××① 54/74H×××② 54/74L×××③ 54/74S××× 54/74LS×××④ 54/74AS××× 54/74ALS××× 54/74F××× CMOS 为:4000 系列 54/74HC××× 54/74HCT××× …	C 0℃~70℃ G -25℃~70℃ L -25℃~85℃ E -40℃~85℃ R -55℃~85℃ M -55℃~125℃	W 陶瓷扁平 B 塑料扁平 F 全密封扁平 D 陶瓷直插 P 塑料直插 J 黑陶瓷直插 K 金属菱形 T 金属圆形
①74:国际通用系列(民用);54:国际通用系列(军用); ②H:高速; ③L:低速; ④LS:低功率				

2. 示例：肖特基 TTL 双 4 输入与非门

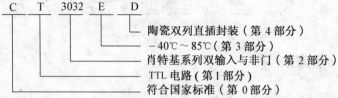

3.5.2 集成电路的分类

1. 按功能结构分类

集成电路按其功能结构的不同，可以分为模拟集成电路和数字集成电路两大类。

模拟集成电路用来产生、放大和处理各种模拟信号，而数字集成电路用来产生、放大和处理各种数字信号。

2. 按制作工艺分类

集成电路按制作工艺可分为半导体集成电路和薄膜集成电路。

膜集成电路又分为厚膜集成电路和薄膜集成电路。

3. 按集成度高低分类

集成电路按集成度高低的不同可分为小规模集成电路、中规模集成电路、大规模集成电路和超大规模集成电路。

4. 按导电类型不同分类

集成电路按导电类型可分为双极型集成电路和单极型集成电路。

双极型集成电路的制作工艺复杂，功耗较大，代表集成电路有 TTL、ECL、HTL、LST-TL、STTL 等类型。单极型集成电路的制作工艺简单，功耗也较低，易于制成大规模集成电路，代表集成电路有 CMOS、NMOS、PMOS 等类型。

3.5.3 集成电路外引线的识别

使用集成电路时，要认真查对集成块的引脚，确认相应的引脚对应的是哪个端子，切勿接错。

引脚的排列规律如下：

对于圆形集成电路，识别时引脚面对自己，从定位销顺时针方向走，其引脚依次为 1, 2, 3, 4,⋯，圆形多用于模拟电路中。

对于扁平和双列直插的集成电路，识别时面朝文字标号，将集成块的定位缺口向上，从左上数起，逆时针方向走，依次为 1, 2, 3, 4,⋯，如图 3-9 所示。

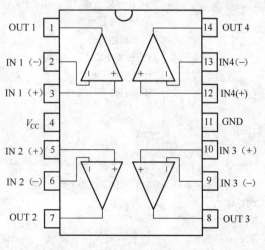

图 3-9 集成电路外引线的识别

扁平形的多用于数字电路。双列直插式多用于模拟和数字电路中。

3.6 几种常用模拟集成电路简介

1. μA741 通用运算放大器

(1) μA741 引脚排列图如图 3-10 所示。

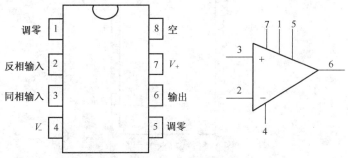

图 3-10　μA741 引线排列图

它是八脚双列直插式组件，②脚和③脚为反相和同相输入端，⑥脚为输出端，⑦脚和④脚为正、负电源端，①脚和⑤脚为失调调零端，①脚和⑤脚之间可接入一只几十千欧的电位器并将滑动触头接到负电源端，⑧脚为空脚。

(2) μA741 集成电路的参数如表 3-7 所列。

表 3-7　μA741 集成电路的参数

(测试条件：$t=25℃$，$V_{CC}=V_{EE}=15V$)

符号	参　数	条　件	最小值	典型值	最大值	单位
V_{IO}	输入失调电压			2	6	mV
I_{IO}	输入失调电流			20	200	nA
I_{IB}	输入偏置电流			80	500	nA
R_{IN}	输入电阻		0.3	2.0		MΩ
C_{INCM}	输入电容			1.4		pF
V_{IOR}	失调电压调整范围			±15		mV
V_{ICR}	共模输入电压范围			±12.0	±13.0	V
CMRR	共模抑制比	$V_{CM}=±13V$	70	90		dB
PSRR	电源抑制比	$V_S=±3V～±18V$		30	150	dB
A_{VO}	开环电压增益	$R_L≥2kΩ$，$V_O=±10V$	20	200		V/mV
V_O	输出电压摆幅	$R_L≥10kΩ$	±12.0	±14.0		V
S_R	摆率	$R_L≥2kΩ$		0.5		V/μs
R_O	输出电阻	$V_O=0$，$I_O=0$		75		Ω
I_{OS}	输出短路电流			25		mA
I_S	电源电流			1.7	2.8	mA
P_d	功耗	$V_S=±15V$，无负载		50	85	mW

2. LM318 高速运算放大器

(1) LM318 引脚排列图。LM318 高速运算放大器的引脚排列如图 3-11 所示。

它是八脚双列直插式组件,②脚和③脚为反相和同相输入端,⑥脚为输出端,⑦脚和④脚为正、负电源端,①脚、⑤脚、⑧脚分别为 COMP1、2、3 脚。

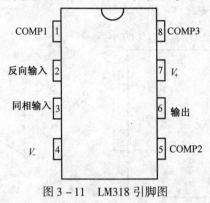

图 3-11 LM318 引脚图

(2) 主要参数。LM318 高速运算放大器的主要参数如表 3-8 所列。

表 3-8 LM318 高速运算放大器的主要参数

(测试条件: $t = 25℃, V_{CC} = V_{EE} = 15V$)

符号	参数	条件	最小值	典型值	最大值	单位
V_{IO}	输入失调电压			4	10	mV
I_{IO}	输入失调电流			30	200	nA
I_{IB}	输入偏置电流				750	nA
R_{IN}	输入电阻		0.5	3.0		MΩ
V_{IOR}	失调电压调整范围			±15		mV
V_{IDR}	差模输入电压范围		±11.5			V
CMRR	共模抑制比	$V_{CM} = ±13V$	70	100		dB
PSRR	电源抑制比	$V_s = ±3V \sim ±18V$	65	80		dB
A_{VO}	开环电压增益	$R_L \geq 2k\Omega, V_O = ±10V$	25	200		V/mV
V_O	输出电压摆幅	$R_L \geq 10k\Omega$ $R_L \geq 2k\Omega$	±12.0 ±10.0	±14.0 ±13.0		V
S_R	摆率	$R_L \geq 2k\Omega$	50	70		V/μs
GB	单位增益带宽			15		MHz
I_s	电源电流			5	10	mA
P_d	功耗	$V_s = ±15V,$ 无负载		50	85	mW

3. μA348 四通用运算放大器和 μA324 四通用单电源运算放大器

(1) 引脚排列。μA348 四通用运算放大器和 μA324 四通用单电源运算放大器的引脚如图 3-12 所示(注意:μA348 的⑪脚为负电源,不能接地)。

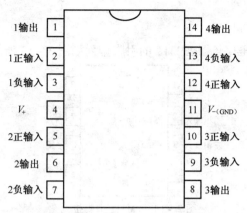

图 3-12 μA348 和 μA324 引脚图

(2) 主要参数。μA348 运算放大器的参数如表 3-9 所列。

表 3-9 μA348 运算放大器的主要参数

符号	参 数	条 件	最小值	典型值	最大值	单位
V_{IO}	输入失调电压			1	6	mV
I_{IO}	输入失调电流			4	50	nA
I_{IB}	输入偏置电流			30	200	nA
R_{IN}	输入电阻		0.8	2.5		MΩ
V_{ICR}	共模输入电压		±12.0			V
CMRR	共模抑制比	$V_{CM}=±13V$	70	90		dB
PSRR	电源抑制比	$V_s=±3V\sim±18V$	77	96		dB
A_{V0}	开环电压增益	$R_L≥2kΩ, V_O=±10V$	25	160		V/mV
V_O	输出电压摆幅	$R_L≥10kΩ$	±12	±13.0		V
S_R	摆率	$R_L≥2kΩ$		0.5		V/μs
R_O	输出电阻	$V_O=0, I_O=0$				Ω
I_{Os}	输出短路电流			25		mA

μA324 运算放大器的参数如表 3-10 所列。

表 3-10 μA324 运算放大器的主要参数

符号	参 数	条 件	最小值	典型值	最大值	单位
V_{IO}	输入失调电压			2	7	mV
I_{IO}	输入失调电流			5	50	nA
I_{IB}	输入偏置电流			45	250	nA
R_{IN}	输入电阻		0.8	2.5		MΩ
V_{ICR}	共模输入电压		±12.0			V
CMRR	共模抑制比	$V_{CM}=±13V$	65	70		dB
PSRR	电源抑制比	$V_s=±3V\sim±18V$	65	100		dB
A_{V0}	开环电压增益	$R_L≥2kΩ, V_O=±10V$	25	100		V/mV
V_O	输出电压摆幅	$R_L≥10kΩ$	±13			V
S_R	摆率	$R_L≥2kΩ$		0.5		V/μs
R_O	输出电阻	$V_O=0, I_O=0$				Ω
I_{Os}	输出短路电流		10	20		mA

4. 电压比较器 LM311

（1）引脚排列。电压比较器 LM311 的引脚排列如图 3-13 所示。

图 3-13　LM311 引脚排列图

（2）主要参数。电压比较器 LM311 的主要参数如表 3-11 所列。

表 3-11　电压比较器 *LM311* 的主要参数

（测试条件：$t = 25℃, V_{CC} = V_{EE} = 15V$）

参　数	条　件	最小值	典型值	最大值	单位
输入失调电压	$t_A = 25℃, R \leq 50k\Omega$		2.0	7.5	mV
输入失调电流	$t_A = 25℃$		6.0	50	nA
输入偏置电流	$t_A = 25℃$		100	250	nA
电压增益	$t_A = 25℃$	40	200		V/mV
相应时间	$t_A = 25℃$		200		ns
饱和电压	$V_{IN} \leq -10mV$ $I_{OUT} = 50mA$		0.75	1.5	V
选通开关电流	$t_A = 25℃$		1.5	3.0	mA
输出漏电流	$V_{IN} \geq 10mV, V_{OUT} = 35V$ $t_A = 25℃, I_{STROBE} = 3mA$ $V_- = V_{GRND} = -5V$		0.2	50	nA
输入电压范围		-14.5	13.8 - 14.7	13	V

注：LM311 为集电极开路输出，使用时应注意在输出端与正电源之间接负载电阻。

5. 音频功率放大器 LM386

（1）引脚排列图。音频功率放大器 LM386 的引脚排列如图 3-14 所列。

图 3-14　LM386 引脚排列图

(2) 主要参数。LM386 的主要参数如表 3-12 所列。

表 3-12 LM386 的主要参数

（测试条件：$t = 25℃$，$V_{CC} = V_{EE} = 15V$）

参　数	条　件	最小值	典型值	最大值	单位
工作电压 V_s		4		12	V
静态电流 I_Q	$V_s = 6V, V_{IN} = 0$		4	8	mA
输出功率 P_{OUT}	$V_s = 6V, R_L = 8Ω, THD = 10\%$ $V_s = 9V, R_L = 8Ω, THD = 10\%$	250 500	350 700		mW
电压增益 A_V	$V_s = 6V, f = 1kHz$ 1-8 脚接 $10\mu F$ 电容		26 46		dB dB
带宽 BW	$V_s = 6V$，1-8 脚开路		300		kHZ
总谐波失真 THD	$V_s = 6V, R_L = 8Ω$，1-8 脚开路 $P_{OUT} = 125mW, f = 1kHz$		0.2		%
电源抑制比 PSRR	$V_s = 6V, R_L = 8Ω, C_{BYPASS} = 10\mu F$ $f = 1kHz$，1-8 脚开路		50		dB
输入电阻 R_{IN}	$V_s = 6V$，2-3 脚开路		50		kΩ
输入偏置电流 I_{BIAS}	$V_s = 6V$，2-3 脚开路		250		nA

6. 音频功率放大器 LM388

（1）引脚排列图。音频功率放大器 LM388 的引脚排列如图 3-15 所示。

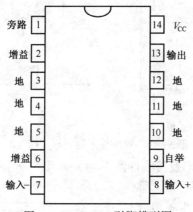

图 3-15 LM388 引脚排列图

（2）主要参数。音频功率放大器 LM388 的主要参数如表 3-13 所列。

表 3-13 音频功率放大器 LM388 的主要参数

符号	参　数	测试条件	最小值	标称值	最大值	单位
V_s	工作电源电压		4		12	V
I_Q	静态电流	$V_{IN} = 0, V_s = 12V$		16	13	mA

（续）

符号	参 数	测 试 条 件	最小值	标称值	最大值	单位
P_{OUT}	输出功率	$R_1=R_2=180\Omega$，THD=10% $V_S=12V, R_L=8\Omega$ $V_S=6V, R_L=4\Omega$	1.5 0.6	2.2 0.8		W W
A_V	电压增益	$V_S=12V, f=1\text{kHz}$ 2-7脚接10μF电容	23	26 46	30	dB dB
BW	带宽	$V_S=12V$，2-6脚开路		300		kHz
T_{HD}	总谐波失真	$V_S=12V, R_L=8\Omega, P_{OUT}=500\text{mW}$， $f=1\text{kHz}$ 2-6脚开路		0.1	1	%
P_{SRR}	电源抑制比	$V_S=12V, f=1\text{kHz}$ $C_{BYPASS}=10\mu F$ 2-6脚开路		50		dB
R_{IN}	输入电阻		10	50		kΩ
I_{BISE}	输入偏置电流	$V_S=12V$，7-8脚开路		250		nA

7．集成三端稳压器

集成三端稳压器是目前常见的输出电压固定的集成稳压器。由于它只有输入、输出和公共端子，故称为三端稳压器。三端稳压器有输出正电压和输出负电压两种产品系列。每个系列又有小功率、中功率、大功率之分。

（1）引脚排列图。78 系列三端稳压器的外形及接线如图 3-16 所示。

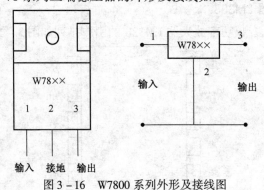

图 3-16　W7800 系列外形及接线图

79 系列三端稳压器的外形及接线如图 3-17 所示。

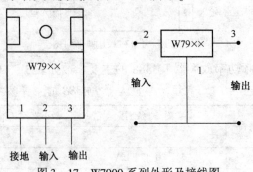

图 3-17　W7900 系列外形及接线图

(2) 主要性能指标(表 3-14)。

表 3-14 78 系列、79 系列集成稳压器的型号与性能指标

参　数	符　号	单　位	78M 系列	79L 系列
输入电压	V_I	V	8～40	-(8～40)
输出电压	V_O	V	5～24	-(5～24)
最小电压差	$(V_I - V_O)_{min}$	V	2.55	2.5
电压调整率	ΔV_O S_V	mV %	1～15	3～18
电流调整率	ΔV_O S_I	mV %	12～15	12～15
输出电流	I_O	A	空挡(1.5)M(0.5)L(0.1)	
纹波抑制比	RR	dB	53～62	60

注:78 系列、79 系列电压挡级：±5、±9、±12、±15、±18、±24($|v_i| \geq v_o \pm 2.5v$)

3.7　常用数字集成电路简介

3.7.1　几类常用数字集成电路的典型参数

表 3-15 列出了几类常用数字集成电路的典型参数。

表 3-15　几类常用数字集成电路的典型参数

参　数	74 (TTL)	74LS (TTL)	74HC(与TTL 兼容的高速CMOS)	4000 系列 CMOS 电路	单位
电源电压范围	4.75～5.25	4.75～5.25	2～6	3～18	V
电源电压 V_{CC}	5	5	5		V
电源电流	24	12	0.008	0.004	mA
高电平输入电流 I_{IH}	40	20	0.1	0.1	μA
低电平输入电流 I_{IL}	-1600	-400	0.1	0.1	μA
高电平输入电压 V_{IH}	2	2	3.15	3.5($V_{DD}=5$) 7($V_{DD}=10$) 11($V_{DD}=15$)	V
低电平输入电压 V_{IL}	0.8	0.7	1.35	1.5($V_{DD}=5$) 3($V_{DD}=10$) 4($V_{DD}=15$)	V
高电平输出电压 V_{OH}	2.4	2.7	3.98	4.95($V_{DD}=5$) 9.95($V_{DD}=10$) 14.95($V_{DD}=15$)	V

(续)

参　数	74 （TTL）	74LS （TTL）	74HC（与 TTL 兼容的高速 CMOS）	4000 系列 CMOS 电路	单位
低电平输出电压 V_{OL}	0.4	0.5	0.26	0.05（$V_{DD}=5$） 0.05（$V_{DD}=10$） 0.05（$V_{DD}=15$）	V
高电平输出电流 I_{OL}	-0.4	-0.4	-5.2	-1.3	mA
低电平输出电流 I_{OL}	16	8	5.2	1.3	mA
平均传输延迟时间 t_{pd}	9.5	8	30	150	ns

3.7.2　555 定时器电路

1. 引脚排列图

555 定时器电路的引脚排列如图 3-18 所示。

2. 主要参数

主要参数如表 3-16 所列。

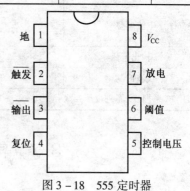

图 3-18　555 定时器

表 3-16　主要参数表

参数名称		测试条件	最小值	典型值	最大值	单位
电源电压			4.5		16	V
电源电流		$V_{CC}=5V, R_L=\infty$		3	6	mA
定时误差	单稳态			0.75		%
	多谐			2.25		%
输出三角波		$V_{CC}=15V$	4.5	5	5.5	V
		$V_{CC}=5V$	1.25	1.67	2	V
输出高电平		$V_{CC}=5V$	2.75	3.3		V
输出低电平		$V_{CC}=5V$		0.25	0.35	V
上升时间				100		ms
下降时间				100		ms
温度稳定性				±10		$10^{-8}/℃$

3.7.3　常用 TTL 数字集成电路引脚图及功能

1. 引脚图

常用 TTL 数字电路引脚图如图 3-19～图 3-26 所示。

第3章 常用电路元器件的识别与主要性能参数

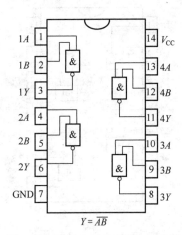

图3-19 74LS00 四二输入与非门

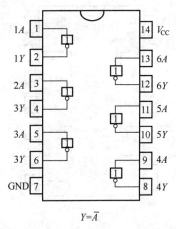

图3-20 74LS04 六反相器

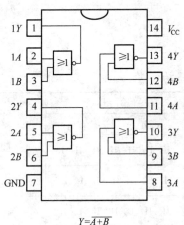

图3-21 74LS02 四二输入或非门

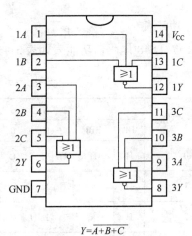

图3-22 74LS27 三三输入或非门

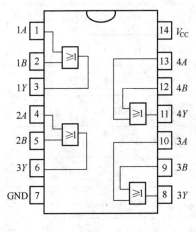

图3-23 74LS32 四二输入或门

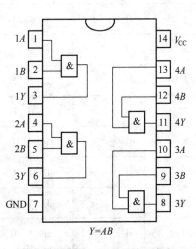

图3-24 74LS08 四二输入与门

49

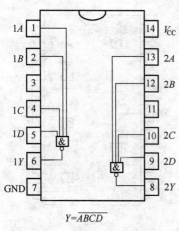

图 3-25 74LS20 二四输入与非门

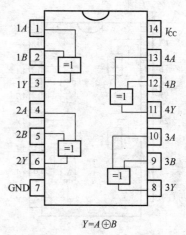

图 3-26 74LS86 四二输入异或门

2. 功能表

(1) 74LS48 译码器功能表如表 3-17 所列。

表 3-17 74LS48 译码器功能表

十进制或功能	输入						BI/RBO	输出							字形
	LT	RBI	D	C	B	A		a	b	c	d	e	f	g	
0	H	H	L	L	L	L	H	H	H	H	H	H	H	L	0
1	H	×	L	L	L	H	H	L	H	H	L	L	L	L	1
2	H	×	L	L	H	L	H	H	H	L	H	H	L	H	2
3	H	×	L	L	H	H	H	H	H	H	H	L	L	H	3
4	H	×	L	H	L	L	H	L	H	H	L	L	H	H	4
5	H	×	L	H	L	H	H	H	L	H	H	L	H	H	5
6	H	×	L	H	H	L	H	L	L	H	H	H	H	H	6
7	H	×	L	H	H	H	H	H	H	H	L	L	L	L	7
8	H	×	H	L	L	L	H	H	H	H	H	H	H	H	8
9	H	×	H	L	L	H	H	H	H	H	H	L	H	H	9
10	H	×	H	L	H	L	H	L	L	L	H	H	L	H	c
11	H	×	H	L	H	H	H	L	L	H	H	L	L	H	⊐
12	H	×	H	H	L	L	H	L	H	L	L	L	H	H	U

(续)

十进制或功能	输入						BI/RBO	输出						字形
	LT	RBI	D	C	B	A		a	b	c	d	e	f	g	
13	H	×	H	H	L	H	H	H	L	L	H	L	H	H	
14	H	×	H	H	H	L	H	L	L	L	H	H	H	H	
15	H	×	H	H	H	H	H	L	L	L	L	L	L	L	
消隐	×	×	×	×	×	×	L	L	L	L	L	L	L	L	
脉冲消隐	H	L	L	L	L	L	L	L	L	L	L	L	L	L	
灯测试	L	×	×	×	×	×	H	H	H	H	H	H	H	H	

注意:H 为高电平;L 为低电平; × 为任意。辅助控制端 LT(试灯输入):当 LT = 0 时,BI/RBO 是输出端,且 RBO = 1,此时无论其他输入端是什么状态,所有各段输出均为"1",显示字形为 。该输入端常常用于检查器件自身的好坏。动态灭零输入 RBI:当 LT = 1,RBI = 0 且输出代码 DCBA = 0000 时,各段输出均为低电平,与 BCD 码相应的字形 熄灭。用 LT = 1 与 RBI = 0 可以实现某一位的"消隐"。此时,BI/RBO 是输出端,且 RBO = 0。动态灭零输出 RBO:BI/RBO 作为输出使用时,受控于 LT 和 RBI。当 LT = 1 且 RBI = 0,输入代码 DCBA = 0000 时,RBO = 0;若 LT = 0 或 LT = 1 且 RBI = 1,则 RBO = 1。该端子主要用于显示多位数字时,多个译码器之间的连接。

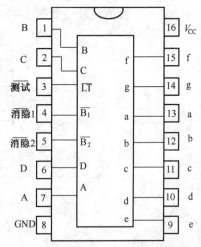

图 3 - 27 74LS48CD——7 段译码器引脚图
(驱动共阴字码管)

74LS48BCD——七段译码器如图 3 - 27 所示。

(2)74LS85 功能如表 3 - 18 所列。

表 3 - 18 74LS85 数值比较器功能表

状态	比较输入				级联输入			输出		
	P_3,Q_3	P_2,Q_2	P_1,Q_1	P_0,Q_0	$P>Q$	$P<Q$	$P=Q$	$P>Q$	$P<Q$	$P=Q$
正常状态	$P_3>Q_3$	×	×	×	×	×	×	H	L	L
	$P_3<Q_3$	×	×	×	×	×	×	L	H	L
	$P_3=Q_3$	$P_2>Q_2$	×	×	×	×	×	H	L	L
	$P_3=Q_3$	$P_2<Q_2$	×	×	×	×	×	L	H	L
	$P_3=Q_3$	$P_2=Q_2$	$P_1>Q_1$	×	×	×	×	H	L	L
	$P_3=Q_3$	$P_2=Q_2$	$P_1<Q_1$	×	×	×	×	L	H	L
	$P_3=Q_3$	$P_2=Q_2$	$P_1=Q_1$	$P_0>Q_0$	×	×	×	H	L	L

(续)

状态	比较输入				级联输入			输出		
	P_3,Q_3	P_2,Q_2	P_1,Q_1	P_0,Q_0	$P>Q$	$P<Q$	$P=Q$	$P>Q$	$P<Q$	$P=Q$
正常状态	$P_3=Q_3$	$P_2=Q_2$	$P_1=Q_1$	$P_0<Q_0$	×	×	×	L	H	L
	$P_3=Q_3$	$P_2=Q_2$	$P_1=Q_1$	$P_0=Q_0$	H	L	L	H	L	L
	$P_3=Q_3$	$P_2=Q_2$	$P_1=Q_1$	$P_0=Q_0$	L	H	L	L	H	L
	$P_3=Q_3$	$P_2=Q_2$	$P_1=Q_1$	$P_0=Q_0$	L	L	H	L	L	H
非正常状态	$P_3=Q_3$	$P_2=Q_2$	$P_1=Q_1$	$P_0=Q_0$	×	×	H	L	L	H
	$P_3=Q_3$	$P_2=Q_2$	$P_1=Q_1$	$P_0=Q_0$	H	H	L	H	H	L
	$P_3=Q_3$	$P_2=Q_2$	$P_1=Q_1$	$P_0=Q_0$	L	L	L	H	H	L

(3) 74LS148 8-3 线 8 位优先编码器。74LS148 8-3 线 8 位优先编码器功能如表 3-19 所列。

74LS85 4 位数值比较器如图 3-28 所示。

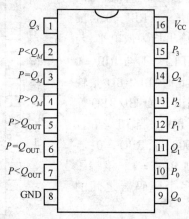

图 3-28 74LS85 4 位数值比较器

表 3-19 74LS148 8-3 线 8 位优先编码器功能表

输入									输出				
$\overline{ST}$	$\overline{IN_0}$	$\overline{IN_1}$	$\overline{IN_2}$	$\overline{IN_3}$	$\overline{IN_4}$	$\overline{IN_5}$	$\overline{IN_6}$	$\overline{IN_7}$	$\overline{Y_2}$	$\overline{Y_1}$	$\overline{Y_0}$	$\overline{Y_{ES}}$	$\overline{Y_S}$
H	×	×	×	×	×	×	×	×	H	H	H	H	H
L	H	H	H	H	H	H	H	H	H	H	H	H	L
L	×	×	×	×	×	×	×	L	L	L	L	L	H
L	×	×	×	×	×	×	L	H	L	L	H	L	H
L	×	×	×	×	×	L	H	H	L	H	L	L	H
L	×	×	×	×	L	H	H	H	L	H	H	L	H
L	×	×	×	L	H	H	H	H	H	L	L	L	H
L	×	×	L	H	H	H	H	H	H	L	H	L	H
L	×	L	H	H	H	H	H	H	H	H	L	L	H
L	L	H	H	H	H	H	H	H	H	H	H	L	H

注:$\overline{IN_0} \sim \overline{IN_7}$ 是编码输入(低电平有效);$\overline{ST}$ 是选通输入端(低电平有效);$\overline{Y_0} \sim \overline{Y_2}$ 是编码输出端(低电平有效);$\overline{Y_{ES}}$ 是扩展端(低电平有效);$\overline{Y_S}$ 是选通输出端

74LS148 编码器引脚图如图 3-29 所示。

（4）74LS138 3-8 线译码器。

74LS138 译码器引脚图如图 3-30 所示。

74LS138 3-8 线译码器功能如表 3-20 所列。

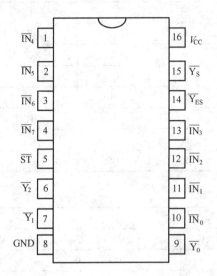

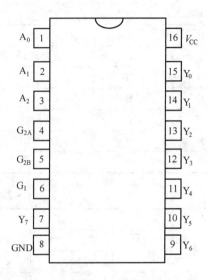

图 3-29　74LS148 编码器引脚图　　　图 3-30　74LS138 译码器引脚图

表 3-20　*74LS138 3-8 线译码器功能表*

输入						输出							
G_1	G_{2A}	G_{2B}	A_2	A_1	A_0	Y_0	Y_1	Y_2	Y_3	Y_4	Y_5	Y_6	Y_7
×	H	×	×	×	×	H	H	H	H	H	H	H	H
×	×	H	×	×	×	H	H	H	H	H	H	H	H
L	×	×	×	×	×	H	H	H	H	H	H	H	H
H	L	L	L	L	L	L	H	H	H	H	H	H	H
H	L	L	L	L	H	H	L	H	H	H	H	H	H
H	L	L	L	H	L	H	H	L	H	H	H	H	H
H	L	L	L	H	H	H	H	H	L	H	H	H	H
H	L	L	H	L	L	H	H	H	H	L	H	H	H
H	L	L	H	L	H	H	H	H	H	H	L	H	H
H	L	L	H	H	L	H	H	H	H	H	H	L	H
H	L	L	H	H	H	H	H	H	H	H	H	H	L

注：$Y_0 \sim Y_7$ 是输出端（低电平有效）；$A_0 \sim A_2$ 是输入端；G_1、G_{2A}、G_{2B} 为使能端。当 G_1 为高电平且 G_{2A} 和 G_{2B} 均为低电平时，译码器处于工作状态。

（5）74LS112、74LS161、74LS193、74LS175 功能表。

74LS112、74LS161、74LS193、74LS175 功能如表 3-21～表 3-24 所列，引脚图如图 3-

31~图3-34所示。

表3-21 74LS112功能表

输入					输出	
$\overline{S_D}$	$\overline{R_D}$	CP	J	K	Q^{n-1}	$\overline{Q^{n-1}}$
L	H	×	×	×	H	L
H	L	×	×	×	L	H
L	L	×	×	×	Φ	Φ
H	H	↓	L	L	Q^n	$\overline{Q^n}$
H	H	↓	L	H	L	H
H	H	↓	H	L	H	L
H	H	↓	H	H	$\overline{Q^n}$	Q^n
H	H	↓	×	×	Q^n	$\overline{Q^n}$

表3-22 74LS161功能表

输入									输出			
CP	$\overline{R}$	$\overline{LD}$	P	T	A	B	C	D	Q_A	Q_B	Q_C	Q_D
×	0	×	×	×	×	×	×	×	0	0	0	0
↑	1	0	×	×	A	B	C	D	A	B	C	D
×	1	0	×	×	A	B	C	D	保持			
×	1	1	0	×	×	×	×	×	保持			
↑	1	1	1	1	×	×	×	×	计数			

表3-23 74LS193功能表

清零	预置	时钟		预置数据输入				输出			
RD	LD	CP_U	CP_D	A	B	C	D	Q_A	Q_B	Q_C	Q_D
H	×	×	×	×	×	×	×	L	L	L	L
L	L	×	×	A	B	C	D	A	B	C	D
L	H	↑	H	×	×	×	×	加计数			
L	H	H	↑	×	×	×	×	减计数			

表3-24 74LS175功能表

输入						输出			
RD	CP	1D	2D	3D	4D	1Q	2Q	3Q	4Q
L	×	×	×	×	×	L	L	L	L
H	↑	1D	2D	3D	4D	1D	2D	3D	4D
H	H	×	×	×	×	保持			
H	L	×	×	×	×	保持			

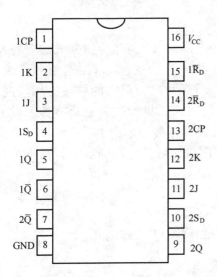
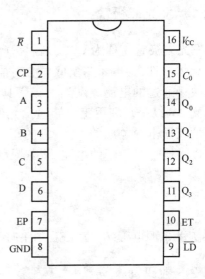

图 3-31 74LS112 双 JK 触发器引脚图　　图 3-32 74LS161 二进制同步计数器引脚图

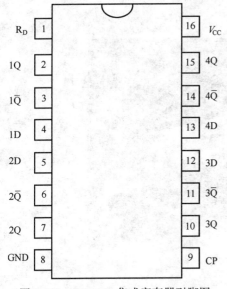
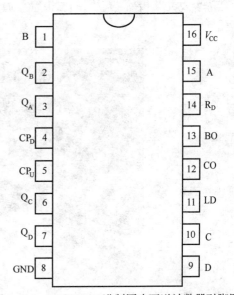

图 3-33 74LS175 集成寄存器引脚图　　图 3-34 74LS193 二进制同步可逆计数器引脚图

3.8　常用显示器件

显示器件目前应用较多的有发光二极管、数码管和液晶显示器件等,数码管又分共阴极和共阳极两种。

3.8.1 发光二极管

发光二极管简称为 LED,是用镓(Ga)、砷(As)和磷(P)的化合物制成的一种特殊的半导体器件,当电子与空穴复合时能辐射出可见光,光的颜色与半导体材料有关,亮度取决于通过的电流。发光二极管具有普通二极管的特性,但它的导通电压较高,可以达到 2V 以上。利用正向导通发光的特性,可将发光二极管作为显示器件。发光二极管的反向击穿电压约 5V。它的正向伏安特性曲线很陡,使用时必须串联一个限流电阻以控制通过管子的电流,将其限制在安全范围内。限流电阻的数值根据下式计算得到

$$R = \frac{E - U_F}{I_F}$$

式中:E 为电源电压;U_F 为 LED 的正向压降;I_F 为 LED 的一般工作电流。

3.8.2 数码管

数码管的种类很多,实验中常用的是显示数字的标准 7 段数码管。数码管的每一段笔画是一个发光二极管。不同的二极管导通发光显示出不同的数字(图 3-35)。

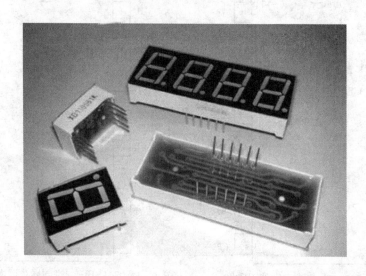

图 3-35 数码管外形图

数码管分为共阴极数码管和共阳极数码管。共阴极数码管内部,各段发光二极管的负极连接在一起,构成公共端(图 3-36)。在使用时将公共端接地,字段的引脚接高电平(图 3-37),就可显示出相应的字符。在使用时还需在字段的引脚上串联限流电阻。共阳极数码管的内部,各段发光二极管的正极接在一起并接正电源,相应的字段的引脚接低电平,便能显示相应的字符。

不同类型的数码管需要配不同的译码器来驱动。共阴极字码管用正逻辑输出的译码

器驱动;共阳极字码管用负逻辑输出的译码器驱动。

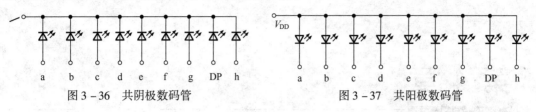

图3-36 共阴极数码管　　　　　图3-37 共阳极数码管

第4章

电工部分实验

实验1 基尔霍夫定律

一、实验目的

1. 验证基尔霍夫定律,加深对基尔霍夫定律的理解。
2. 学会用电流插头、插孔测量各支路电流的方法。
3. 熟悉电压、电流的参考方向与真实方向的关系。

二、实验设备

1. 0V~30V 双路直流双路稳压源(DG04)　　　1 台
2. 0V~200V 直流电压表(D31)　　　　　　　1 只
3. 0mA~200mA 直流电流表(D31)　　　　　　1 只

三、实验原理

基尔霍夫定律是电路中最基本的定律,也是最重要的定律。它概括了电路中电流和电压分别应遵循的基本规律。定律的内容包括基尔霍夫电流定律和电压定律。

1. 基尔霍夫电流定律(KCL)

电路中,任意时刻,通过任一节点的电流的代数和为零,即 $\sum i = 0$。上式表明:基尔霍夫电流定律规定了节点上支路电流的约束关系,而与支路上元件的性质无关,不论元件是线性的还是非线性等的、含源的或无源的、时变的还是非时变的等都是适用的。图 4-1 中,若设流入节点的电流为正,流出节点的电流为负,则 KCL 为

$$I_1 + I_3 - I_2 - I_4 = 0$$

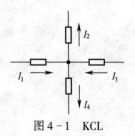

图 4-1 KCL

2. 基尔霍夫电压定律(KVL)

电路中,任意时刻,沿任何一个闭合回路的电压的代数和恒等于零,即 $\sum u = 0$。上式表

明:任一回路中各支路电压所必须遵循的规律,它是电压与路径无关的反映。同样这一结论只与电路的结构有关,而与支路中元件的性质无关,适用于任何情况。图 4-2 中,若设与回路绕行方向一致的电压为正,反之为负,则回路 adca 的 KVL 为

$$-U_4 + E_4 - U_5 + U_3 - E_3 = 0$$

在运用上述定律时,必须注意各支路或闭合回路中电流的正方向,此方向可预先任意设定,一旦假定好后,在整个分析过程中正方向不改变。

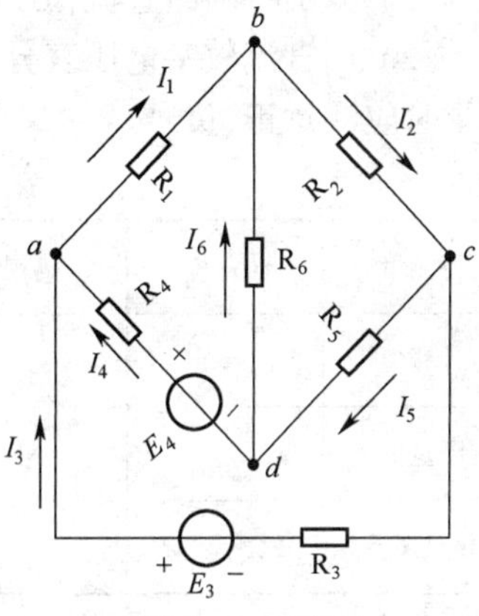

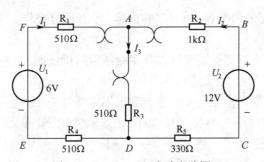

图 4-2 KVL

四、实验内容

实验电路如图 4-3 所示。

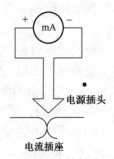

图 4-3 KCL、KVL 实验电路图

1. 验证基尔霍夫电流定律(KCL),即验证:在电路中,任一时刻,任一节点,流过该节点的电流代数和恒为零。

(1) 分别将两路直流稳压电源接入电路,令 $U_1 = 6V$,$U_2 = 12V$。

(2) 熟悉电流插头的结构,将电流插头的两端接至数字毫安表的"+、-"两端(图 4-4)。

(3) 将电流插头分别插入 3 条支路的 3 个电流插座中,读出电流值并记录在表 4-1 中,记录时注意正、负号。

图 4-4 电流插头、插座结构图

表 4-1 电流值

待测量	I_1/mA	I_2/mA	I_3/mA
计算值			
测量值			
相对误差			

2. 验证基尔霍夫电压定律(KVL),即验证:在电路中,任一时刻,沿任一回路绕行一周,各元件上电压的代数和恒为零。

(1) 分别将两路直流稳压电源接入电路,令 $U_1 = 6V$, $U_2 = 12V$。

(2) 用直流数字电压表分别测量两路电源及电阻元件上的电压值,记录于表4-2中,记录时应注意正、负号。

表4-2 电压值测量与计算数据表

待测量	U_1/V	U_2/V	U_{FA}/V	U_{AB}/V	U_{AD}/V	U_{CD}/V	U_{DE}/V
计算值							
测量值							
相对误差							

五、预习、思考与注意事项

1. 实验前需要做充分的准备:预习实验内容,写出预习报告。无预习报告者不得进入实验室做实验。

2. 在实验连线中、检查实验连线时以及实验结束后拆线时,均应切断实验台的电源,在断电状态下操作。

3. 实验过程中,应防止稳压电源的两个输出端碰线短路。

4. 实验完毕,拆线时用力不要过猛,以防止拔断导线,最好是轻轻地旋拔。做完实验后,将实验设备与器材收拾整齐,经实验指导老师检查并签字后方可离开实验室。

5. 熟悉教材中基尔霍夫定律的基本内容。

6. 根据电路计算对应的理论值,填入对应的表格中,以便实验测量时,可正确地选定毫安表和电压表的量程。

7. 计算时应标明参考方向,测量时应标明正、负。

8. 实验台操作面板上的两路直流稳压电源自备指示表头中的指示数值,只作为显示仪表使用,电源实际输出的电压值应以直流电压表测量的数值为准,并应注意电压表测量表笔连接时的正、负极性。

9. 在连接电流表测量插头时,应注意测量插头的红、黑接线端应与毫安表的+、-极(红、黑接线柱)相对应。

注意:其中1、2、3、4条在以后的实验中均相同,不再重复列出。

六、实验报告

1. 根据实验中测量得到的数据,用计算的方法验证基尔霍夫电压定律和电流定律。

2. 对KCL验证时应验证所有节点,对KVL验证时应验证所有的回路。

3. 计算结果与实验测量结果进行比较,进行误差分析,说明误差原因。

4. 将支路和闭合回路的电流方向进行重新设定,任选一个节点和一条支路验证KCL和KVL的正确性。

5. 总结对基尔霍夫定律的认识及实验心得。

实验2 叠加定理

一、实验目的

1. 通过实验加深对叠加定理的理解和应用范围。
2. 加深对线性电路叠加性和齐次的认识和理解。

二、实验设备

1. 0V~30V 直流双路稳压源(DG04 挂箱)   1 台
2. 0V~200V 直流电压表(D31 挂箱)   1 只
3. 0mA~200mA 直流电流表(D31 挂箱)   1 只
4. 叠加定理实验电路板(DG05)   1 块

三、实验原理

如果把独立电源称为激励,由它引起的支路电压、电流称为响应,则叠加定理可简述为:在任意一个线性网络中,多个激励同时作用时的总响应等于每个激励单独作用时引起的响应之和。所谓某一激励单独作用,就是除了该激励外,其余激励均为零值。对于实际电源,电源的内阻或内导必须保留在原电路中。在线性网络中,功率是电压或电流的二次函数,一般来说,叠加定理不适用于功率计算。

图 4-5 的电路中,原电路可拆分成两个电源单独作用时的两个电路,电压、电流均线性可叠加,即

$$I_1 = I_1' + I_1'', I_2 = I_2' + I_2'', I_3 = I_3' + I_3''$$
$$U_1 = U_1' + U_1'', U_2 = U_2' + U_2'', U_3 = U_3' + U_3''$$

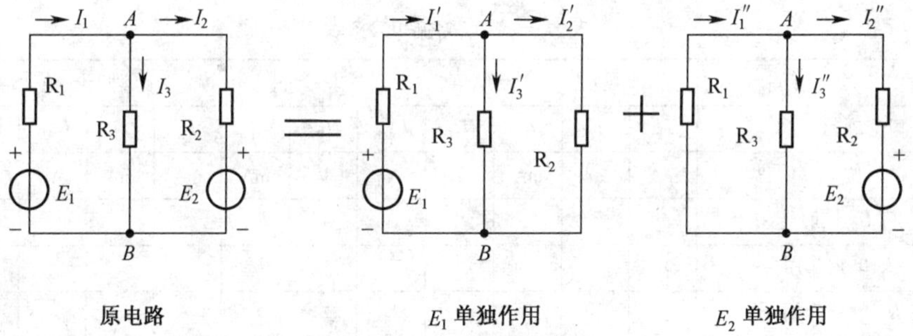

图 4-5 叠加定理图

四、实验内容

1. 通过实验分析讨论下列问题。

(1)激励与响应之间是否满足叠加定理？

(2)激励和某一个电阻元件消耗的功率之间是否满足叠加定理？

(3)激励电源向网络提供的总功率和网络中各元件上所消耗的功率之间满足什么关系？

(4)独立电压源单独作用时供给网络的功率之和与它们共同作用时向网络提供的总功率之间存在什么关系？

2. 实验电路如图4-6所示，将两路稳压源的输出分别调节到12V和6V后，再接入U_1和U_2处，数据记入表4-3中。

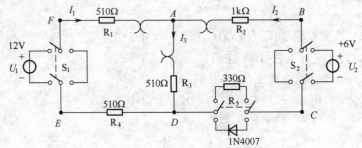

图4-6 叠加定理实验图

(1)U_1和U_2共同作用时（开关S_1和S_2分别投向U_1和U_2侧），用直流数字电压表和毫安表（接电流插头）测量各支路电流及各电阻元件两端的电压。

(2)U_1电源单独作用时（将开关S_1投向U_1侧，开关S_2投向短路侧），用直流数字电压表和毫安表（接电流插头）测量各支路电流及各电阻元件两端的电压。

(3)U_2电源单独作用时（将开关S_1投向短路侧，开关S_2投向U_2侧），用直流数字电压表和毫安表（接电流插头）测量各支路电流及各电阻元件两端的电压。

(4)将U_2的数值调至+12V，重复3的测量并记录。

(5)将R_5换成一只二极管IN4007（即将开关S_3投向二极管VD侧）重复(1)~(3)的测量过程。

表4-3 数据记录表

		实 测 值						理 论 值					
测量项目		I_1	I_2	I_3	U_{AD}	U_{R1}	U_{R2}	I_1	I_2	I_3	U_{AD}	U_{R1}	U_{R2}
单位		mA	mA	mA	V	V	V	mA	mA	mA	V	V	V
接入电阻时	U_1与U_2同时作用												
	U_1单独作用												
	U_2单独作用												
	$2U_2$单独作用												
接入二极管时	U_1与U_2同时作用												
	U_1单独作用												
	U_2单独作用												

五、预习、思考与注意事项

1. 熟悉教材中叠加定理的基本内容。
2. 注意叠加定理的适用范围,实验电路中的电阻改为二极管,叠加定理还成立吗?
3. 根据电路计算对应的理论值,填入对应的表格中,以便实验测量时,可正确地选定毫安表和电压表的量程。
4. 在本次实验中,如需电源不作用,应相应转接电源控制开关 S_1、S_2 至短路侧,绝不允许将直流稳压电源的输出端直接短路,那样会损坏实验仪器。
5. 叠加定理中的"叠加"为代数和的叠加,需注意正、负。
6. 计算时应标明参考方向,测量时应标明正、负。
7. 实验台操作面板上的两路直流稳压电源自备指示表头中的指示数值,只作为显示仪表使用,电源实际输出的电压值应以直流电压表测量的数值为准,并应注意电压表测量表笔连接时的正、负极性。
8. 在连接电流表测量插头时,应注意测量插头的红、黑接线端应与毫安表的 +、- 极(红、黑接线柱)相对应。

六、实验报告

1. 根据所测实验数据,分析得出实验结论,即线性电路的叠加性。
2. 计算结果与实验测量结果进行比较,进行误差分析,说明误差原因。
3. 各电阻上消耗的功率是否可以用叠加定理计算得出?试用所测数据进行分析。
4. 总结对叠加定理的认识及实验心得。

实验 3 戴维南(宁)定理和诺顿定理

一、实验目的

1. 通过实验加深对戴维南定理和诺顿定理的理解。
2. 学习线性有源一端口网络等效电路参数的测定方法。
3. 进一步熟悉直流电流表和直流电压表的使用方法与量程选择。

二、实验设备

1. 0V～30V 可调直流稳压电源(DG04)   1 台
2. 0mA～500mA 可调直流恒流源(DG04)   1 台
3. 0V～200V 直流电压表(D31)   1 只
4. 0mA～200mA 直流毫安表(D31)   1 只
5. 0Ω～99999.9Ω 可调电阻箱(DG09)   1 只

6. 1k/2W 电位器(DG09)　　　　　　　　　1 只
7. 万用表　　　　　　　　　　　　　　　1 块
8. 戴维南定理实验电路板(DG05)　　　　　1 块

三、实验原理

1. 戴维南定理简介

任何一个线性含源网络,如果仅研究其中一条支路的电压和电流,则可将电路的其余部分看作是一个有源二端网络(或称为含源一端网络)。

戴维南定理指出:任何一个线性有源网络,总可以用一个电压源与一个电阻的串联来等效代替,此电压源的电动势 U_s 等于这个有源二端网络的开路电压 U_{oc},其等效内阻 R_0 等于该网络中所有独立源均置零(理想电压源视为短接,理想电流源视为开路)时的等效电阻。

诺顿定理指出:任何一个线性有源网络,总可以用一个电流源与一个电阻的并联组合来等效代替,此电流源的电流 I_s 等于这个有源二端网络的短路电流 I_{sc},其等效内阻 R_0 定义同戴维南定理。

$U_{oc}(U_s)$ 和 R_0 或者 $I_{sc}(I_s)$ 和 R_0 称为有源二端网络的等效参数。

2. 有源二端网络等效参数的测量方法

(1) 开路电压、短路电流法测 R_0。在有源二端网络输出端开路时,用电压表直接测其输出端的开路电压 U_{oc},然后再将其输出端短路,用电流表测其短路电流 I_{sc},则等效内阻为

$$R_0 = \frac{U_{oc}}{I_{sc}}$$

如果二端网络的内阻很小,若将其输出端口短路,则易损坏其内部元件,因此不宜用此法。

(2) 伏安法测 R_0。用电压表、电流表测出有源二端网络的外特性曲线,如图 4-7 所示。根据外特性曲线求出斜率 $\tan\phi$,则

$$R_0 = \tan\phi = \frac{\Delta U}{\Delta I} = \frac{U_{oc}}{I_{sc}}$$

也可以先测量开路电压 U_{oc},再测量电流为额定值 I_N 时的输出端电压值 U_N,则

$$R_0 = \frac{U_{oc} - U_N}{I_N}$$

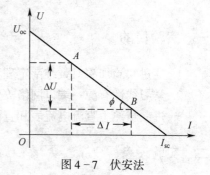

图 4-7 伏安法

(3) 半电压法测 R_0。如图 4-8 所示,当负载电压为被测网络开路电压的 1/2 时,负载电阻(由电阻箱的读数确定)即为被测有源二端网络的等效内阻值。

(4) 零示法测 U_{oc}。在测量具有高内阻有源二端网络的开路电压时,用电压表直接测量会造成较大的误差。为了消除电压表内阻的影响,往往采用零示测量法,如图 4-9 所示。

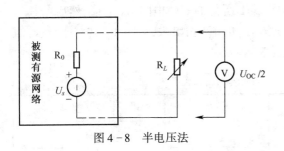
图4-8 半电压法

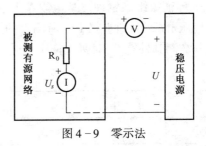
图4-9 零示法

零示法测量原理是用一低内阻的稳压电源与被测有源二端网络进行比较,当稳压电源的输出电压与有源二端网络的开路电压相等时,电压表的读数将为"0"。然后将电路断开,测量此时稳压电源的输出电压,即为被测有源二端网络的开路电压 U_{oc}。

四、实验内容

被测有源一端网络如图4-10所示。

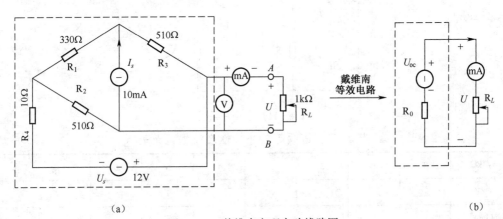

图4-10 戴维南定理实验线路图

1. 用开路电压、短路电流法测定戴维南等效电路的 U_{oc}、R_0 和诺顿等效电路的 I_{sc}、R_0。按图4-10(a)接入稳压电源 $U_s = 12V$ 和恒流源 $I_s = 10mA$,不接入 R_L。测出 U_{oc} 和 I_{sc},并计算出 R_0(测 U_{oc} 时,不接入毫安表)(表4-4)。

表4-4 等效参数记录表

U_{oc}/V	I_{sc}/mA	$R_0 = U_{oc}/I_{sc}/\Omega$

2. 负载实验。按图4-10(a)接入 R_L。改变 R_L 阻值,测量有源二端网络的外特性曲线(表4-5)。

表4-5 有源二端网络外特性数据记录表

$R_L/k\Omega$	0	1	2	3	4	5	6	7	∞
U/V									
I/mA									

3. 验证戴维南定理。从电阻箱上取得按步骤 1 所得的等效电阻 R_0 的值,然后令其与直流稳压电源(调到步骤 1 时所测得的开路电压 U_{oc} 的值)相串联,如图 4-10(b)所示,仿照步骤 2 测其外特性,对戴维南定理进行验证(表 4-6)。

表 4-6 等效外特性数据记录表

R_L/kΩ	0	1	2	3	4	5	6	7	∞
U/V									
I/mA									

4. 验证诺顿定理。从电阻箱上取得按步骤 1 所得的等效电阻 R_0 的值,然后令其与直流恒流源(调到步骤 1 时所测得的短路电流 I_{sc} 的值)相并联,如图 4-11 所示,仿照步骤 2 测其外特性,对诺顿定理进行验证(表 4-7)。

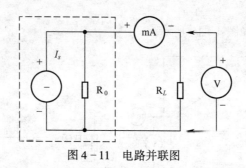

图 4-11 电路并联图

表 4-7 诺顿等效外特性表数据记录表

R_L/kΩ	0	1	2	3	4	5	6	7	∞
U/V									
I/mA									

5. 有源二端网络等效电阻(又称入端电阻)的直接测量法(此方法仅在纯电阻电路中使用)如图 4-10(a)所示。将被测有源网络内的所有独立源置零(去掉电流源 I_s 和电压源 U_s,并在原电压源所接的两点用一根短路导线相连),然后用伏安法或者直接用万用表的欧姆挡去测定负载 R_L 开路时 A、B 两点间的电阻,此即为被测网络的等效内阻 R_0,或称网络的入端电阻 R_i。

6. 用半电压法和零示法测量被测网络的等效内阻 R_0 及其开路电压 U_{oc}。线路及数据表格自拟。

五、预习、思考与注意事项

1. 解释图 4-7 中用半电压法求 R_0 的原理。

2. 在求戴维南或诺顿等效电路时,做短路实验时测 I_{sc} 的条件是什么?在本实验中可否直接作负载短路实验?

3. 请实验前对线路图4-10(a)预先做好计算,以便调整实验线路及测量时可准确地选取电表的量程。

4. 说明测有源二端网络开路电压及等效内阻的几种方法,并比较其优、缺点。

5. 实验中无法减少仪表内阻对测量结果的影响。

6. 记录每次实验所用仪表的量程和内阻值,以备分析测量误差。

7. 测量时应注意电流表量程的更换。

8. 步骤5中,电压源置零时不可将稳压源短接。

9. 用万用表直接测 R_0 时,网络内的独立源必须先置零,以免损坏万用表。其次,欧姆挡必须经调零后再进行测量。

10. 用零示法测量 U_{oc} 时,应先将稳压电源的输出调至接近于 U_{oc},再按图4-10测量。

六、实验报告

1. 在同一坐标面上绘制出实验内容2、3、4所测的外特性曲线,验证戴维南定理和诺顿定理的正确性,并分析产生误差的原因。

2. 根据实验内容1、5、6的几种方法测得的 U_{oc} 和 R_0 与预习时电路计算的结果作比较,你能得出什么结论?

3. 归纳、总结实验结果。

4. 总结对戴维南定理的认识与实验心得。

实验4 Multisim仿真基础实验

一、实验目的

1. 学习Multisim软件的操作和使用方法。
2. 学习电路原理图的绘制方法,注意电源的绘制方法。
3. 学习常用虚拟仪器仪表的使用方法。
4. 学习电路的仿真和分析的使用方法。

二、实验设备

1. PC机   1台
2. Multisim仿真软件   1套

三、实验原理

1. Multisim简介

Multisim是National Instruments公司开发的电子电路设计与仿真EDA软件,它基于

Windows 平台运行，与 Ultiboard 同属于 Circuit Design Suite 的一部分，Ultiboard 是用来设计印制电路板(PCB)布局与自动布线的软件。将直观的 NI Multisim 仿真环境与 NI Ultiboard 布局和布线结合在一起，能大大提高成品电路板的生产能力。Multisim 的最强大功能是用于电路的设计与仿真，因此又叫做虚拟电子实验室或电子工作平台。Multisim 能设计、测试和仿真各种电子电路，包括模拟电路、数字电路、高频电路以及一部分计算机接口电路等。NI 公司从各元件生产厂家采集了大量的元件参数资料，制成了参数详细准确而且巨大的元件库。配合丰富的、与实际仪器接近的虚拟测试仪器。能够快速搭建准确规范的测试电路。Multisim 提供了各种元件的实际环境参数设置，如温度参数、故障参数(如引脚短路、开路、元件漏电等)，便于用户观察不同故障下电路的工作情况，可以弥补实验仪器和元器件的不足，并且排除了原材料消耗和仪器损坏等因素，有助于学生关于电路知识的学习和理解。

单击"开始"→"程序"→National Instruments →Circuit Design Suite 10.0→Multisim，启动 Multisim10，可以看到图 4 - 12 所示的 Multisim 的主窗口。

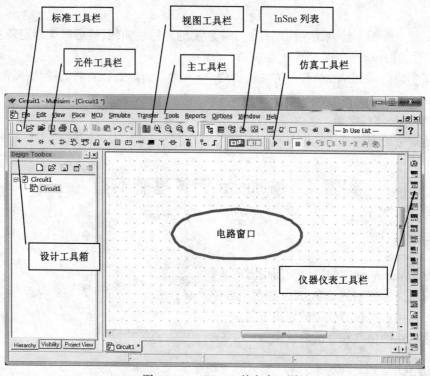

图 4 - 12　Multisim 的主窗口图示

主要由菜单栏、设计工具箱(Design Toolbox)、标准工具栏(Standard Toolbar)、元件工具栏(Component Toolbar)、视图工具栏(View Toolbar)、主工具栏(Main Toolbar)、仿真工具栏(Simulation Toolbar)、In Use 列表(In Use List)、电路窗口、仪器仪表工具栏(Instruments Toolbar)等组成。

2. 常用元器件库

(1) 电源/信号源库(Sources)　。电源/信号源库包含接地端、直流电压源(电池)、正弦交流电压源、方波(时钟)电压源、压控方波电压源等多种电源与信号源。

(2) 基本器件库(Basic) ⌇。基本器件库包含电阻、电容等多种元件。基本器件库中的虚拟元件的参数是可以任意设置的,非虚拟元件的参数是固定的,但是可以选择。

(3) 二极管库(Diode) ⇥。二极管库包含二极管、可控硅等多种器件。二极管库中的虚拟器件的参数是可以任意设置的,非虚拟元件的参数是固定的,但是可以选择。

(4) 晶体管库(Transistor) ⚹。晶体管库包含晶体管、FET 等多种器件。晶体管库中的虚拟器件的参数是可以任意设置的,非虚拟元件的参数是固定的,但是可以选择。

(5) 模拟集成电路库(Analog) ⇥。模拟集成电路库包含多种运算放大器。模拟集成电路库中的虚拟器件的参数是可以任意设置的,非虚拟元件的参数是固定的,但是可以选择。

(6) TTL 数字集成电路库(TTL) ⚏。TTL 数字集成电路库包含 74×× 系列和 74LS×× 系列等 74 系列数字电路器件。

(7) CMOS 数字集成电路库(CMOS) ⚏。CMOS 数字集成电路库包含 40×× 系列和 74HC 系列等多种 CMOS 数字集成电路系列器件。

(8) 数模混合集成电路库(Mixed) ⚏。数模混合集成电路库包含 ADC/DAC、555 定时器等多种数模混合集成电路器件。

(9) 指示器件库(Indicators) ▦。指示器件库包含电压表、电流表、7 段数码管等多种器件。

(10) 电源器件库(Power Component) ⚏。电源器件库包含三端稳压器、PWM 控制器等多种电源器件。

(11) 机电类器件库(Electromechanical) ⚏。机电类器件库包含开关、继电器等多种机电类器件。

3. 原理图的绘制

本部分以一个简单的电路绘制为例来说明原理图的绘制方法。绘制电路前需要进行一些简单的设置,执行菜单命令 Options→Global Preferences,在弹出的对话框中,按图 4-13 进行设置。

在电路窗口中单击鼠标右键,弹出如图 4-14 所示的菜单。

选择 Place component 后,弹出选择元件对话框,在 Group 中选择 Sources,Family 中选择 POWER_SOURCES,Component 中选择 AC_POWER,如图 4-15 所示。

在电路窗口,单击 OK 按钮,即可完成电源的放置,在元件上双击,修改其电压和频率属性,如图 4-16 所示。

同理,可完成其他元件的放置。其他元件的位置如表 4-8 所列。

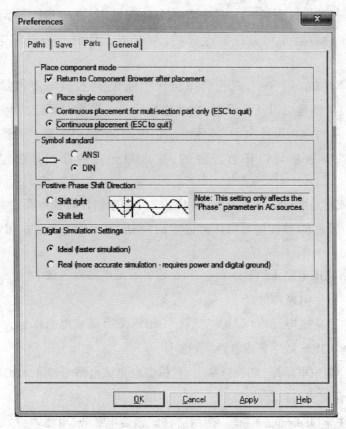

图 4-13 参数设置对话框图

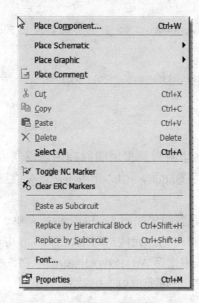

图 4-14 菜单图

第4章 电工部分实验

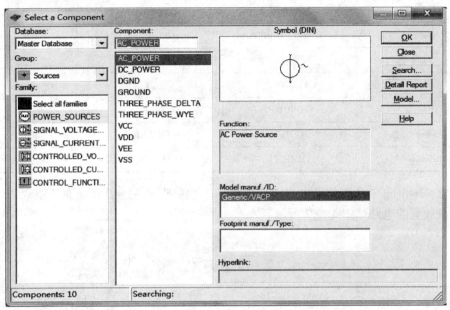

图4-15 对话框图

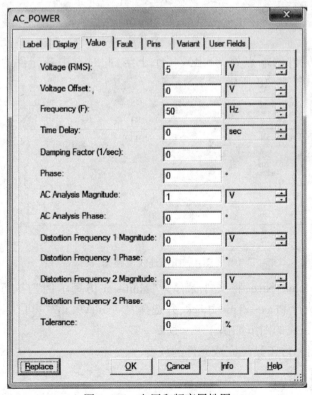

图4-16 电压和频率属性图

表4-8 其他元件设置表

Group	Family	Component	备注
Sources	POWER_SOURCE	GROUND	地
Basic	RESISTOR	1kΩ	电阻
Basic	CAPACITOR	10μF	电容
Basic	INDUCTOR	1mH	电感
Indicators	VOLTMETER	VOLTMETER_H	电压表
Indicators	AMMETER	AMMETER_H	电流表

注意：Multisim 的所有仿真电路中都必须要有参考地，否则会出现仿真错误。

完成放置的电路如图 4-17 所示。

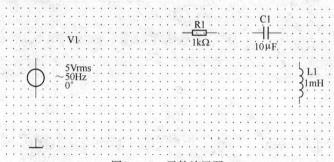

图 4-17 元件放置图

用鼠标放置在元件的端点处，会出现一个十字，此时点击各元件的端点，即可完成连线，连接好的电路如图 4-18 所示。

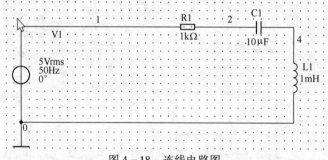

图 4-18 连线电路图

执行菜单命令 File→Save，将文件保存为"Multisim 仿真示例"，执行菜单 Place→Comment 可放置注释，执行 Place→Title Block，并选择"DefaultV9.tb7"，可在图纸中放置标题，并对标题进行修改。完成的图纸如图 4-19 所示。

此外，也可利用元件工具栏完成元件的放置。

4. 电路的仿真

下面测量电阻两端的电压和流过电阻的电流，为此，在图中加入电压表和电流表，双击

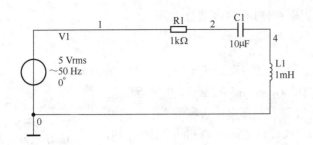

Electronics Workbench 801-111 Peter Street Toronto,ON M5V 2H1 （416）977-5550		Electronics WORKBENCH A NATIONAL INSTRUMENTS COMPANY	
Title: Multis im 绘制示例	Desc: Multis im 绘制示例		
Designed by: ZHF	Document No:0001	Revision: 1.0	
Checked by: ZHF	Date: 2011-07-17	Size: A	
Approved by:	Sheet 1 of 1		

图 4-19 标题修改完成图

在属性的 Value 选项卡的 Mode 选择 AC,如图 4-20 所示。

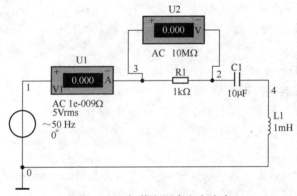

图 4-20 加装电压表和电流表

在仿真工具栏中选择"RUN",则可以开始仿真,此时,可观察到仿真结果如图 4-21 所示。

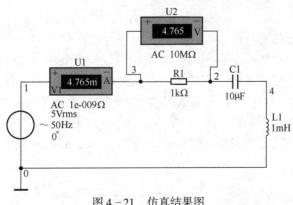

图 4-21 仿真结果图

注意：在电压表和电流表中，可对其内阻进行设置。

5. 电路的分析

电路分析方法有很多，如图 4-22 所示，下面介绍常用的分析方法。

（1）直流工作点分析（DC Operating Point）。在进行直流工作点分析时，电路中的交流源将被置零，电容开路，电感短路。单击 Simulate→Analysis→DC Operating Point...，弹出 DC Operating Point Analysis 对话框，进入直流工作点分析状态，添加要仿真的变量后，单击 Simulate 可进行仿真。

（2）交流分析（AC Analysis）。交流分析用于分析电路的频率特性。需先选定被分析的电路节点，在分析时，电路中的直流源将自动置零，交流信号源、电容、电感等均处在交流模式，输入信号也设定为正弦波形式。若把函数信号发生器的其他信号作为输入激励信号，在进行交流频率分析时，会自动把它作为正弦信号输入。因此，输出响应也是该电路交流频率的函数。

单击 Simulate→Analysis→AC Analysis...，弹出 AC Analysis 对话框，进入交流分析状态，添加要仿真的变量后，单击 Simulate 可进行仿真。

（3）瞬态分析（Transient Analysis）。瞬态分析是指对所选定的电路节点的时域响应。即观察该节点在整个显示周期中每一时刻的电压波形。在进行瞬态分析时，直流电源保持常数，交流信号源随着时间而改变，电容和电感都是能量储存模式元件。

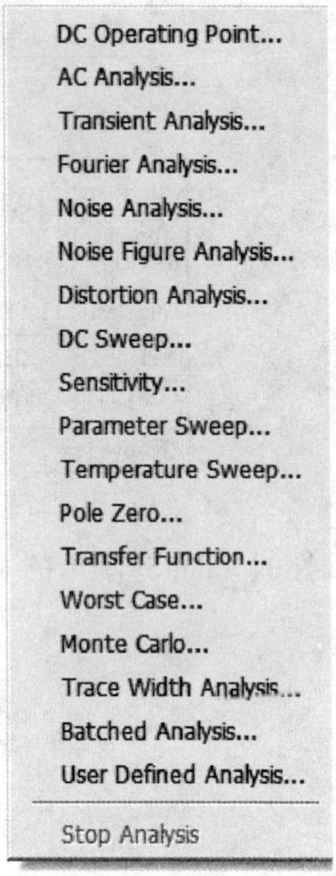

图 4-22 电路分析方法

单击 Simulate→Analysis→Transient Analysis...，弹出 Transient Analysis 对话框，进入瞬态分析状态，添加要仿真的变量后，单击 Simulate 可进行仿真。

（4）直流扫描分析（DC Sweep）。直流扫描分析是利用一个或两个直流电源分析电路中某一节点上的直流工作点的数值变化的情况。注意：如果电路中有数字器件，可将其当作一个大的接地电阻处理。

单击 Simulate→Analysis→DC Sweep...，弹出 DC Sweep Analysis 对话框，进入直流扫描分析状态，添加要仿真的变量后，单击 Simulate 可进行仿真。

（5）参数扫描分析（Parameter Sweep）。采用参数扫描方法分析电路，可以较快地获得某个元件的参数，在一定范围内变化时对电路的影响。相当于该元件每次取不同的值，进行多次仿真。对于数字器件，在进行参数扫描分析时将被视为高阻接地。

单击 Simulate→Analysis→Parameter Sweep...，弹出 Parameter Sweep Analyses 对话框，进入参数扫描分析状态，添加要仿真的变量后，单击 Simulate 可进行仿真。

6. 虚拟仪器仪表

虚拟仪器仪表面板通常在右侧，图标如图 4-23 所示。

图4-23 虚拟仪器仪表面板

(1) 万用表(Multimeter)。万用表是一种可以用来测量交直流电压、交直流电流、电阻及电路中两点之间的分贝损耗,自动调整量程的数字显示的多用表。

双击图标,可以放大万用表面板,如图4-24所示。

单击面板上的设置(Settings)按钮,弹出参数设置对话框窗口,可以设置万用表的电流表内阻、电压表内阻、欧姆表电流及测量范围等参数。参数设置对话框如图4-25所示。

图4-24 万用表面板

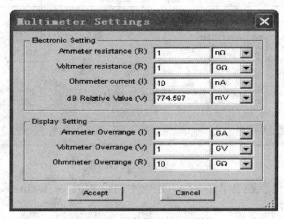

图4-25 参数设置对话框

类似的仪表还有安捷伦(Agilent)万用表,其面板更接近真实的万用表面板。

(2) 功率表(Wattmeter)。功率表用来测量电路的功率,交流或者直流均可测量。双击功率表的图标可以放大的功率表的面板。电压输入端与测量电路并联连接,电流输入端与测量电路串联连接。功率表的面板如图4-26所示。

(3) 示波器(Oscilloscope)。示波器用来显示电信号波形的形状、大小、频率等参数的仪器。双击示波器图标,放大的示波器面板如图4-27所示。

示波器面板各按键的作用、调整及参数的设置与实际的示波器类似。要显示波形读数的精确值时,可用鼠标将垂直光标拖到需要读取数据的位置。显示屏幕下方的方框内,显示光标与波形垂直相交点处的时间和电压值,以及两光标位置之间的时间、电压的差值。

单击Reverse按钮可改变示波器屏幕的背景颜色。单击Save按钮可按ASCII码格式存

图4-26 功率表面板

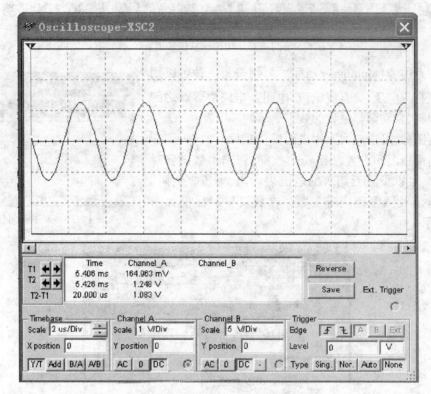

图 4-27 示波器面板

储波形读数。类似的仪表还有 Agilent 示波器、4 通道示波器、Tektronix 示波器、Agilent 万用表,它们的面板更接近真实的示波器面板,例如,泰克的示波器如图 4-28 所示。

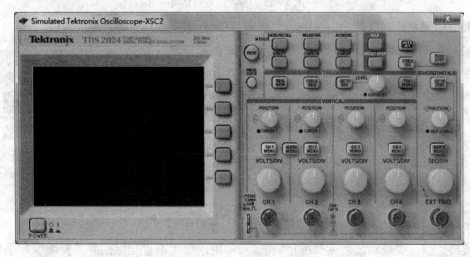

图 4-28 Tektronix 示波器

(4) 函数信号发生器(Function Generator)。函数信号发生器是可提供正弦波、三角波、方波三种不同波形的信号的电压信号源。双击函数信号发生器图标,可以放大函数信号发生器的面板。函数信号发生器的面板如图4-29所示。

函数信号发生器其输出波形、工作频率、占空比、幅度和直流偏置,可用鼠标来选择波形选择按钮和在各窗口设置相应的参数来实现。频率设置范围为1Hz～999THz,占空比调整值可从1%到99%,幅度设置范围为1μV～999kV,偏移设置范围为-999kV～999kV。

类似的仪表还有Agilent函数发生器,它们的面板更接近真实的函数发生器面板。

(5) 测量探针(Measure Probe)。在电路仿真时,将测量探针连接到电路中的测量点,测量探针即可测量出该点的电压、电流、频率等详细的信息,放置探针时,点击箭头,在弹出的菜单中可根据需要选择要测量的值。

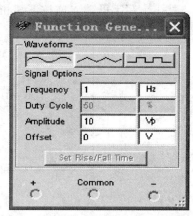

图4-29 函数信号发生器面板

此外,还有电子实验中使用的一些虚拟仪器仪表,如电流/电压分析仪(I/V Analysis)、字符发生器(Word Generator)、逻辑转换器(Logic Converter)、逻辑分析仪(Logic Analyzer)、频谱分析仪(Spectrum Analyzer)等,在以后的电子实验中逐步进行熟悉。常用快捷键如表4-9所列。

表4-9 常用快捷键

操作	快捷键	操作	快捷键
顺时针旋转	Ctrl + R	复制	Ctrl + C
水平翻转	Alt + X	粘贴	Ctrl + V
垂直翻转	Alt + Y	保存	Ctrl + S
元件属性	Ctrl + M 或双击		

四、实验内容

绘制如图4-30所示的电路图,并用万用表测量出2个20Ω电阻上的电压和电流。

1. 采用与图4-30相同的图,利用探针测量出各元件上的电压和各支路的电流。

2. 采用与图4-30相同的图,并用直流分析方法测量各节点的电压。基本操作步骤如下:

(1) 绘制电路图。

(2) 执行菜单命令 Simulate→Analyses→DC Operating point。

(3) 在弹出的对话框中 Output 选项卡中,将节点①和节点②的电压添加到"Selected variables for analysis"中。

(4) 单击左下角的 Simulate 按钮,就可看到仿真的结果。

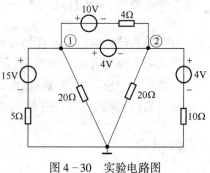

图4-30 实验电路图

绘制出如图 4-31 所示的电路图,并测定图中所示电路中电阻 R_L 元件的伏安特性曲线。按下大写字母键 A 或按下 Shift + A 可调节 R_W 的大小。

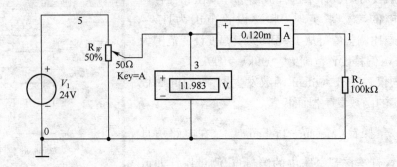

图 4-31　电路图

3. 求图 4-32 所示电路的戴维南等效电路。基本操作步骤如下。

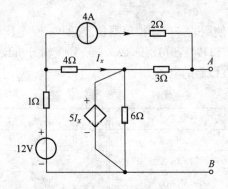

图 4-32　戴维南等效电路图

(1) 利用万用表测量电路端口的开路电压和短路电流。
(2) 求解该二端网络的等效电阻。
(3) 绘制出戴维南等效电路。

五、预习、思考与注意事项

1. 对要仿真的实验电路应在预习时完成理论计算。
2. 仿真中必须要有参考地,否则会出现仿真错误。
3. 电路的绘制应整齐、美观,以便日后的排错。
4. 在以后的实验中,应利用 Multisim 工具完成前期的仿真,然后再进行实验。

六、实验报告

1. 自行设计表格,记录结果。
2. Multisim 中的仿真图,应附在报告中。
3. 理论和仿真要进行对比说明。

4. 仿真的图形应将底色换成白色,以方便打印。

实验5　一阶电路过渡过程的仿真实验

一、实验目的

1. 进一步熟悉 Multisim 仿真环境。
2. 掌握瞬态分析的使用方法。
3. 理解过渡过程的含义。

二、实验设备

1. PC 机　　　　　　　　　　1 台
2. Multisim 仿真软件　　　　　1 套

三、实验原理

有储能元件(L、C)的电路在电路状态发生变化(换路)时(如电路接入电源、从电源断开、电路参数改变等),存在过渡过程;没有储能作用的电阻(R)电路,不存在过渡过程。电路中的 u、i 在过渡过程期间,从"旧稳态"进入"新稳态",此时 u、i 都处于暂时的不稳定状态,所以过渡过程又称为电路的暂态过程。过渡过程的存在有利有弊。有利的方面,如电子技术中常用它来产生各种波形;不利的方面,如在暂态过程发生的瞬间,可能出现过压或过流,致使设备损坏,必须采取防范措施。因此,对过渡过程的研究很重要。利用换路定理,在换路瞬间,电容上的电压、电感中的电流不能突变,即 $u_C(0_+) = u_C(0_-)$,$i_L(0_+) = i_L(0_-)$,可以确定出储能元件的初始状态。最基本的一阶电路有 RC 电路和 RL 电路,时间常数 τ 决定了暂态过程的快慢。

1. 一阶 RC 电路

(1) 零输入响应。在零输入的条件下,由非零初始态(储能元件的储能)引起的响应称为零输入响应,如图 4-33 所示。

可计算出,$u_C(t) = U_0 e^{t/RC} = u_C(0_+) e^{-t/\tau}$,其中 $\tau = RC$,曲线如图 4-34 所示。

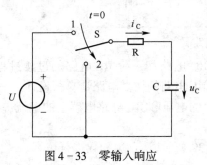

图 4-33　零输入响应

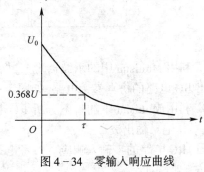

图 4-34　零输入响应曲线

(2)零状态响应。在零状态的条件下,由电源激励信号产生的响应称为零状态响应,如图 4-35 所示。

可计算出

$$u_C(t) = U - Ue^{-t/\tau}$$

(3)全响应。电容上的储能和电源激励均不为零时的响应为全响应。全响应是零输入和零状态响应的叠加,可由三要素法确定全响应的结果,即

$$u_C(t) = u_C(\infty) + [u_C(0_+) - u_C(\infty)]e^{-t/\tau}$$

2. 一阶 RL 电路

RL 电路与 RC 电路分析过程基本相同,只是时间常数为 L/R,如图 4-36 所示。

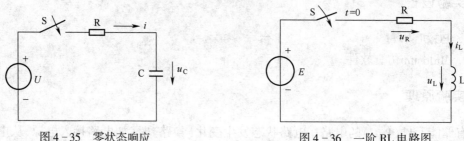

图 4-35 零状态响应　　　　图 4-36 一阶 RL 电路图

利用 Multisim 仿真软件中的虚拟仪器仪表和电路分析方法可对一阶电路进行仿真和分析。用示波器可以观察储能元件两端的电压,利用瞬态分析可以对储能元件的过渡过程进行仿真分析。

四、实验内容

1. 设图 4-37 中电容电压和电感电流的初始值为 0,求时间常数,并利用 Multisim 求电容电压的稳态值和电感电流的稳态值,据此求出电容上电压和电感上电流的响应。

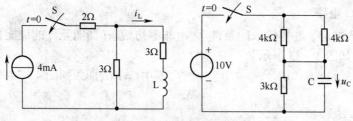

图 4-37 实验电路图

2. 利用 Multisim 中的示波器观察并记录一阶 RC 电路和一阶 RL 电路的过渡过程,在此给出 RC 电路的仿真参考电路,如图 4-38 所示,RL 电路的仿真电路请自行设计。

3. 利用 Multisim 中的瞬态分析 RC 电路电容上的电压和 RL 电路电感上的电流进行分析,观察并记录输出波形。

(1)RC 电路的零输入响应。参考电路如图 4-39 所示,请自选参数进行仿真。

仿真步骤如下。

第4章 电工部分实验

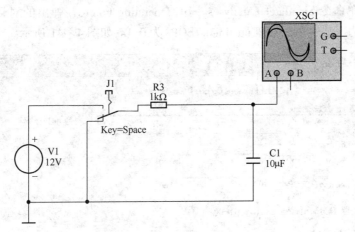

图4-38 RC电路的仿真参考电路图

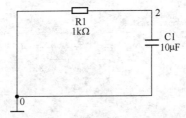

图4-39 RC电路的零输入响应参考电路图

绘制RC电路：

① 打开电容的属性窗口，设置Initial Conditions(初始条件)为10V，如图4-40所示。

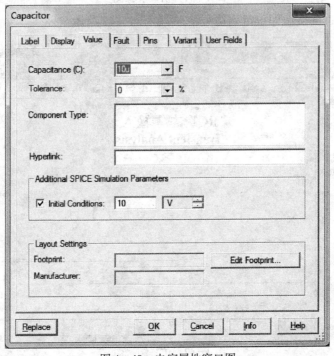

图4-40 电容属性窗口图

81

② 执行菜单命令 Simulate→Analyses→DC Operating Point，在弹出的对话框中将 Initial conditions 设置为 User - defined，End time(TSOP)为 0.1s，如图 4 - 41 所示。

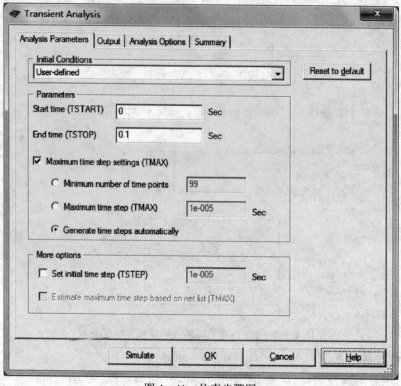

图 4 - 41　仿真步骤图

③ 单击 Simulate 按钮即可得到仿真结果，如图 4 - 42 所示。

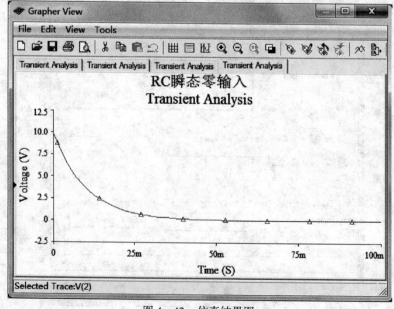

图 4 - 42　仿真结果图

请自行设计电路完成下列仿真,注意初始条件和仿真结束时间,否则有可能看不到正确的仿真结果。

(2) RC 电路的零状态响应。
(3) RC 电路的全响应。
(4) RL 电路的零输入响应。
(5) RL 电路的零状态响应。
(6) RL 电路的全响应。

五、预习、思考与注意事项

1. 自行设计实验内容中要仿真的 RC、RL 一阶电路,并计算待仿真电路的理论值。
2. 预习时应计算时间常数,以便正确设置仿真结束时间。
3. 在进行瞬态分析时,设置仿真的起始和结束时间很关键,否则有可能无法观察到结果。
4. 体会过渡过程(暂态)的含义。
5. 实验报告中,应对理论计算及仿真结果进行对比分析。

实验 6 日光灯与功率因数的提高

一、实验目的

1. 了解日光灯的工作原理和日光灯各部件的作用,学会安装日光灯。
2. 学会使用交流电压表、交流电流表。
3. 加深对交流电路的理解(总电流与分支电流、总电压与分段电压之间的关系)。
4. 掌握提高感性电路功率因数的方法。

二、实验设备

1. 0V~500V 交流电压表(D33)   1 只
2. 0A~5A 交流电流表(D32)   1 只
3. 功率表(D34)   1 只
4. 三相自耦调压器(DG01)   1 台
5. 镇流器、启辉器各   1 只
6. 220V/40W 日光灯灯管   1 只
7. 1μF/500V、2.2μF/500V、4.7μF/500V 电容器   各 1 只

三、实验原理

1. 日光灯的接线原理如图 4-43 所示。

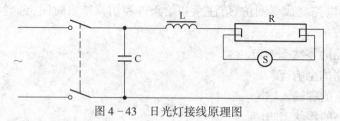

图4-43 日光灯接线原理图

2. 各部件的作用。

日光灯主要由灯管、镇流器和启辉器三部分组成。

(1) 灯管。灯管是一根装有两组灯丝的密封圆形玻璃管,管子内壁涂有荧光粉,灯管抽成真空之后,注入惰性气体(氩气等)和少量水银。灯管两端各有一组灯丝。灯丝由钨丝绕成,表面涂有氧化钡等物质,其作用是使灯丝容易发射电子。

(2) 镇流器。镇流器实质上是一个铁芯线圈,其作用如下。

① 启动时,与启动器配合产生一个瞬间高电压,此高电压加在灯管的两组灯丝之间,促使灯管导通。

② 灯管导电、点燃之后,镇流器用以限制通过灯管的电流,因而得名镇流器。

(3) 启辉器。由装在铝壳里的小玻璃泡和小电容构成。小电容的作用有以下两个。

① 避免启动器两触头断开时产生火花,烧坏触头。

② 防止灯管内部气体放电时产生的电磁波对无线电设备的干扰。

(4) 电容器。用以提高日光灯的功率因数。

3. 日光灯的工作原理。

接通电源以后,由于灯管未导电(未点亮),电源电压全部加在启动器两端,此电压高于启动器的启辉电压(135V 有效值),所以启动器的双金属片与静触片之间发生辉光放电。辉光放电产生的热量使双金属片伸展,与静触片相碰(相碰后辉光放电停止),接通由镇流器和灯管的两组灯丝构成的电路,灯丝预热并发射电子,发射出的电子促使灯管内的氩气分子游离,灯丝预热产生的热量使管子里的水银蒸发变成水银蒸气。

双金属片与静触片相碰后,辉光放电停止,辉光放电停止以后,双金属片开始冷却,逐渐向原位恢复,在此过程中,有那么一瞬间使得原来接通的镇流器—灯丝回路,由接通状态变成断开状态。在断开的一瞬间,为了使镇流器线圈中的电流不发生突变,而在线圈中会感应出一个阻挡电流发生突变的电动势,此电动势与电源电压共同加在灯管的两端,促使灯管里的水银蒸气和氩气离子发生弧光放电。放电产生波长为2573Å($1Å = 10^{-8}$cm)的紫外线及少量可见光。紫外线被荧光粉吸收后,转换成一种近似日光的可见光。灯管导电发光以后,由于镇流器的降压镇流作用,使灯管两端的电压低于启动器的启辉电压,因此启辉器不会发生辉光放电而处于开路状态。因而,此时可以摘除启辉器,而日光灯管可以正常发光,但会对周围的无线电设备(收音机、电视机)有不良影响。

4. 功率因数的提高。

如果负载功率因数低(日光灯电路的功率因数在0.3~0.4),一是电源利用率不高,二是供电线路损耗加大,因此供电部门规定,当负载(或单位供电)的功率因数低于0.85时,必须对其进行改善和提高。

提高功率因数的方法,除改善负载本身的工作状态、设计合理外,由于工业负载基本都是感性负载,因此常用的方法是在负载两端并联电容组,接线方法如图4-44所示,补偿无功功率,以提高线路的功率因数。功率因数提高原理如图4-45所示。

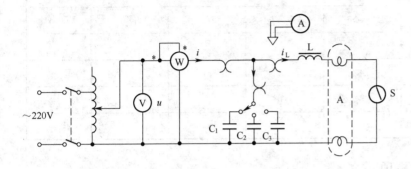
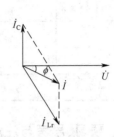

图4-44 功率因数提高的接线图　　　　图4-45 功率因数提高原理

四、实验内容

1. 日光灯线路接线与测量。

按图4-46接线。经指导教师检查后接通实验台电源,调节自耦调压器的输出,使其输出电压缓慢增大,直到日光灯刚启辉点亮为止,记录点亮电压 $U_点$ = ＿＿＿＿＿＿ V。

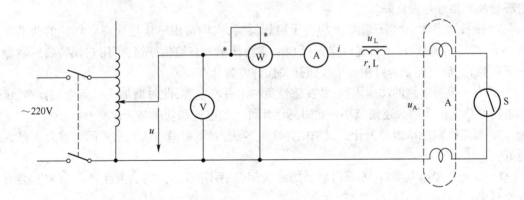

图4-46 日光灯接线图

2. 将电压调至220V,测量功率 P,电流 I,电压 U、U_L、U_A 等值,验证电压、电流相量关系,记入表4-10中。

表4-10 测量数据表

测量值	P/W	cosφ	I/A	U/V	U_L/V	U_A/V
正常工作值						

3. 并联电容——电路功率因数的改善。按图4-44组成实验线路。

经指导老师检查后,接通实验台电源,将自耦调压器的输出调至220V,记录功率表、电压表读数。通过1只电流表和3个电流插座分别测得3条支路的电流,改变电容值,进行3

次重复测量,数据记入表 4-11 中。

表 4-11 测量数据表

电容值 /μF	测量数值					
	P/W	cosφ	U/V	I/A	I_L/A	I_C/A
0						
1						
2.2						
4.7						

五、预习、思考与注意事项

1. 本实验采用交流市电 220V,实验时要注意人身安全,不可触及导电部件,防止意外事故发生。

2. 注意功率表的公共端(带 * 号的端子),不可弄错,电压线圈应并联在电路中(与电压表接法相同),电流线圈应串联在电路中。

3. 自耦变压器必须调到"0"位,才能关闭电源。

4. 参阅课外资料,了解日光灯的启辉原理;线路接线正确,日光灯不能启辉时,应检查启辉器及其接触是否良好。

5. 在日常生活中,当日光灯上缺少了启辉器时,人们常用一根导线将启辉器的两端短接一下,然后迅速断开,使日光灯点亮(DG09 实验挂箱上有短接按钮,可用它代替启辉器做一下实验)。启辉器是否可用一个按钮开关代替?为什么?

6. 为了改善电路的功率因数,常在感性负载上并联电容,此时增加了一条电流支路,试问电路的总电流是增大还是减小?此时感性元件上的电流和功率是否改变?

7. 提高线路功率因数为什么只采用并联电容法,而不用串联法?所并的电容是否越大越好?

8. 日光灯接通电源后,如果启动器的触头闭合后不能跳开,将会发生什么现象?会有什么后果?

9. 简述提高一般感性电路功率因数的方法和意义。

10. 交流电路中的总电流与分支电流、总电压与分段电压之间有什么关系?(分瞬时值、有效值进行讨论)

六、实验报告

1. 完成数据表格中的计算,进行必要的误差分析。

2. 根据实验数据,分别绘出电压、电流相量图,验证相量形式的基尔霍夫定律。

3. 讨论改善电路功率因数的意义和方法。

4. 装接日光灯线路的心得。

实验7　三相交流电路的研究

一、实验目的

1. 掌握三相负载作星形连接、三角形连接的方法,验证这两种接法下线电压、相电压及线电流、相电流之间的关系。
2. 深刻认识中性线在三相四线供电系统(星形连接)中的作用。

二、实验设备

1. 0V~500V 交流电压表(D33)　　　1只
2. 0A~5A 交流电流表(D32)　　　　1只
3. 三相自耦调压器(DG01)　　　　　1台
4. 220V/40W 三相灯组负载(DG08)　9只

三、实验原理

1. 三相负载可接成星形(又称"Y"接)或三角形(又称"△"接)。当三相对称负载作 Y 形连接时,线电压 U_L 是相电压 U_P 的 $\sqrt{3}$ 倍。线电流 I_L 等于相电流 I_P,即 $U_L = \sqrt{3} U_P$,$I_L = I_P$。在这种情况下,流过中线的电流 $I_0 = 0$,所以可以省去中线。当对称三相负载作 △ 连接时,有 $I_L = \sqrt{3} I_P$,$U_L = U_P$。

2. 不对称三相负载作 Y 连接时,必须采用三相四线制接法,即 Y_0 接法。而且中线必须牢固连接,以保证三相不对称负载的每相电压维持对称不变。倘若中线断开,会导致三相负载电压的不对称,致使负载轻的那一相的相电压过高,使负载遭受损坏;负载重的一相电压又过低,使负载不能正常工作。尤其是对于三相照明负载,无条件地一律采用 Y_0 接法。

当不对称负载作 △ 连接时,$I_L \neq \sqrt{3} I_P$,但只要电源的线电压 U_L 对称,加在三相负载上的电压仍是对称的,对各相负载工作没有影响。

四、实验内容

1. 三相负载星形连接(三相四线制供电)

按图 4-47 线路组接实验电路。即三相灯组负载经三相自耦调压器接通三相对称电源。将三相调压器的旋柄置于输出为 0V 的位置(即逆时针旋到底)。经指导教师检查合格后,方可开启实验台电源,然后调节调压器的输出,使输出的三相线电压为 220V,并按下述内容完成各项实验,分别测量三相负载的线电压、相电压、线电流、相电流、中线电流、电源与负载中点间的电压。将所测得的数据记入表 4-12 中,并观察各相灯组亮暗的变化程度,特别要注意观察中线的作用。

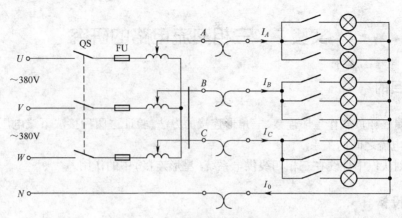

图 4-47 三相电路星相连接图

表 4-12 星形连接数据记录表

测量数据 实验内容 负载情况	开灯盏数			线电流/A			线电压/V			相电压/V			中线电流 I_0/A	中点电压 U_{N0}/V
	A 相	B 相	C 相	I_A	I_B	I_C	U_{AB}	U_{BC}	U_{CA}	U_{A0}	U_{B0}	U_{C0}		
Y_0 接平衡负载	3	3	3											
Y 接平衡负载	3	3	3											
Y_0 接不平衡负载	1	2	3											
Y 接不平衡负载	1	2	3											
Y_0 接 B 相断开	1		3											
Y 接 B 相断开	1		3											
Y 接 B 相短路	1		3											

2. 负载三角形连接(三相三线制供电)

按图 4-48 改接线路,经指导教师检查合格后接通三相电源,并调节调压器,使其输出线电压为 127V,并按表 4-13 的内容进行测试。

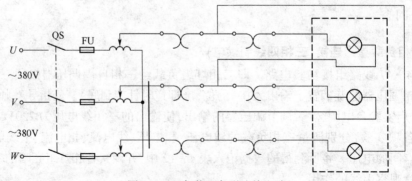

图 4-48 负载三角形连接电路

表 4-13　三角形连接数据记录表

测量数据	开 灯 盏 数			线电压 = 相电压/V			线电流/A			相电流/A		
负载情况	$A-B$ 相	$B-C$ 相	$C-A$ 相	U_{AB}	U_{BC}	U_{CA}	I_A	I_B	I_C	I_{AB}	I_{BC}	I_{CA}
三相平衡	3	3	3									
三相不平衡	1	2	3									

五、预习、思考与注意事项

1. 本实验采用三相交流市电,线电压为 380V,应穿绝缘鞋进实验室。实验时要注意人身安全,不可触及导电部件,防止意外事故发生。

2. 每次接线完毕,同组同学应自查一遍,再由指导教师检查后,方可接通电源,必须严格遵守先断电、再接线、后通电、先断电、后拆线的实验操作原则。

3. 星形负载作短路实验时,必须首先断开中线,以免发生短路事故。

4. 为避免烧坏灯泡,DG08 实验挂箱内设有过压保护装置。当任一相电压 >45V 时,即声光报警并跳闸。因此,在作 Y 接不平衡负载或缺相实验时,所加线电压应以最高相电压小于 240V 为宜。

5. 三相负载根据什么原则作星形或三角形连接?本次实验中为什么要通过三相调压器将 380V 的市电线电压降为 220V 的线电压使用?

6. 说明在三相四线制供电系统中中线的作用。

7. 熟悉教材中三相交流电路基本内容,试分析三相星形连接不对称负载在无中线情况下,当某相负载开路或短路时会出现什么情况?如果接上中线,情况又如何?

六、实验报告

1. 用实验测得的数据验证对称三相电路中的线电压、相电压、线电流、相电流的关系。

2. 用实验数据和观察到的现象,总结三相四线供电系统中中线的作用。

3. 不对称三角形连接的负载,能否正常工作?实验是否能证明这一点?

4. 根据不对称负载三角形连接时的相电流值作相量图,并求出线电流值,然后与实验测得的线电流作比较并进行分析。

5. 总结心得体会。

实验 8　三相电路功率的测量

一、实验目的

1. 掌握用一功率表法、二功率表法测量三相电路有功功率与无功功率的方法。

2. 熟练掌握功率表的接线和使用方法。

二、实验设备

1. 0V～500V 交流电压表(D33)　　　　　　　　　　2 只
2. 0A～5A 交流电流表(D32)　　　　　　　　　　　2 只
3. 单相功率表(D34)　　　　　　　　　　　　　　　2 只
4. 三相自耦调压器(DG01)　　　　　　　　　　　　1 只
5. 220V/15W 三相灯组负载(DG08)　　　　　　　　9 只
6. 1μF/500V、2.2μF/500V、4.7μF/500V 三相电容负载　各 3 只

三、实验原理

1. 对于三相四线制供电的三相星形连接的负载(即 Y_0 接法),可用一只功率表测量各相的有功功率 P_A、P_B、P_C,三相功率之和($\Sigma P = P_A + P_B + P_C$)即为三相负载的总有功功率值(所谓的一功率表法就是用一只单相功率表去分别测量各相的有功功率)。实验线路如图 4-49 所示。若三相负载是对称的,则只需测量一相的功率即可,该相的功率乘以 3 即得三相总的有功功率。

2. 三相三线制供电系统中,不论三相负载是否对称,也不论负载是 Y 接法还是 △ 接法,都可用二功率表法测量三相负载的总有功功率。测量线路如图 4-50 所示。

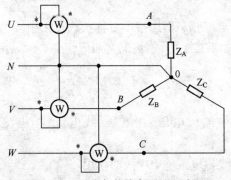

图 4-49　对称负载功率测试电路图

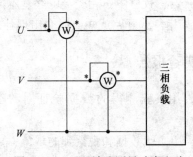

图 4-50　二瓦计法测量功率电路

若负载为感性或容性,且当相位差 φ>60°时,线路中的一只功率表指针将反偏(对于数字式功率表将出现负读数),这时应将功率表电流线圈的两个端子调换(不能调换电压线圈端子),而读数应记为负值。

3. 对于三相三线制供电的三相对称负载,可用一功率表法测得三相负载的总无功功率 Q,测试原理线路如图 4-51 所示。

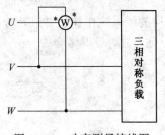

图 4-51　功率测量接线图

图示功率表读数的 $\sqrt{3}$ 倍,等于对称三相电路总的无功功率。除了上图给出的一种连接法(I_U、U_{VW})外,还有另外两种连接法,即接成(I_V、U_{UW}) 或(I_W、U_{UV})。

四、实验内容

1. 用一功率表法测定三相对称 Y_0 接法以及不对称 Y_0 接负载的总功率 ΣP。实验按图 4-52 线路接线。线路中的电流表和电压表用以监视三相电流和电压,不要超过功率表电压和电流的量程。

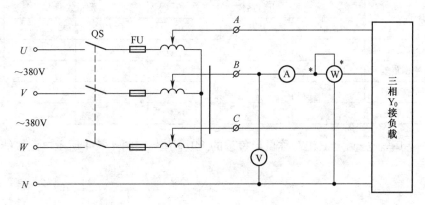

图 4-52 一功率表法测量接线图

经指导教师检查后,接通三相电源,调节调压器输出,使输出线电压为220V,按表4-14 的要求进行测量及计算。

表 4-14 一功率表法测星形负载功率测量数据

负载情况	开灯盏数			测量数据			计算值
	A 相	B 相	C 相	P_A/W	P_B/W	P_C/W	ΣP/W
Y_0 接对称负载	3	3	3				
Y_0 接不对称负载	1	2	3				

首先是将表 4-14 按图 4-52 接入 B 相进行测量,然后分别将 3 个表换接到 A 相和 C 相,再进行测量。

2. 用二功率表法测定三相负载的总功率。

(1) 按图 4-53 接线,将三相灯组负载接成 Y 接法。

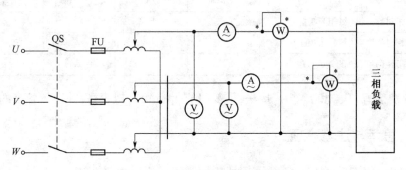

图 4-53 二功率表法测量接线图

91

经指导教师检查后,接通三相电源,调节调压器的输出线电压为220V,按表4-15的内容进行测量。

(2) 将三相灯组负载改成△接法,此时,将电源电压调到127V后,重复(1)的测量步骤,数据记入表4-15中。

表4-15 二功率表法测量数据

负载情况	开灯盏数			测量数据		计算值
	A相	B相	C相	P_1/W	P_2/W	ΣP/W
Y接对称负载	3	3	3			
Y接不平衡负载	1	2	3			
△接不平衡负载	1	2	3			
△接平衡负载	3	3	3			

用一功率表法测定三相对称星形负载的无功功率,按图4-54所示电路接线。

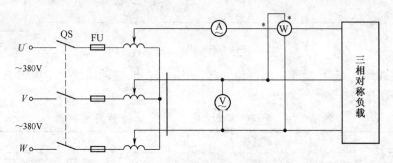

图4-54 三相对称星形连接负载无功测量电路图

(1) 每相负载由白炽灯和电容并联而成,并由开关控制其接入。按I_U、U_{VW}接法进行接线,检查接线无误后,接通三相电源,将调压器的输出线电压调到220V,读取三表的读数并计算无功功率ΣQ。数据记入表4-16中。

表4-16 一功率表法测星形对称负载功率测量数据

负 载 情 况	测量值			计算值
	U/V	I/V	Q/Var	$\Sigma Q = \sqrt{3} Q$
(1)三相对称灯组(每相开3盏)				
(2)三相对称电容(每相4.7μF)				
(3)情况(1)和(2)的并联负载				

(2) 分别按I_V、U_{VW}和I_W、U_{UV}接法,重复(1)的测量,自拟表格,并比较各自的ΣQ值。

五、预习、思考与注意事项

1. 每次实验完毕,均需将三相调压器旋柄调回零位。

2. 每次改变接线,均需断开三相电源,以确保人身安全。

3. 熟悉二功率表法测量三相电路有功功率的原理。
4. 熟悉一功率表法测量三相对称负载无功功率的原理。
5. 测量功率时,为什么在线路中通常都接有电流表和电压表?
6. 注意功率表的公共端(带*号的端子),不可弄错,电压线圈应并联在电路中(与电压表接法相同),电流线圈应串联在电路中。

六、实验报告要求

1. 完成数据表格中的各项测量和计算任务。比较一功率表法和二功率表法的测量结果。
2. 总结、分析三相电路功率测量的方法与结果。
3. 实验中的心得体会。

实验9 异步电动机的控制

一、实验目的

1. 熟悉交流接触器、控制按钮等控制电器的结构及使用方法。
2. 学习连接三相鼠笼式异步电动机的简单控制电路和操作过程。
3. 学会分析、排除继电—接触控制线路故障的方法。

二、实验设备

1. 三相鼠笼式异步电动机　　　　　　　1台
2. 交流接触器　　　　　　　　　　　　2只
3. 控制按钮　　　　　　　　　　　　　3只
4. 三相刀闸　　　　　　　　　　　　　1只

三、实验原理

1. 基本电器基础

(1) 常开触点按钮开关。当手按下时触点闭合,一松手触点断开,如启动按钮经常采用此种按钮开关,如图4-55所示。

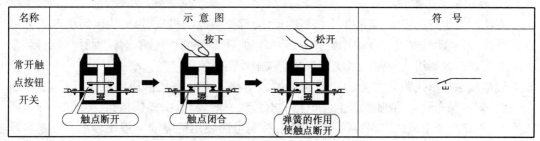

图4-55　常开触点按钮开关示意图及符号

(2) 常闭触点按钮开关。与常开触点按钮开关正好相反，当手按下时触点断开，一松手触点闭合，如停止按钮经常采用此种按钮开关，如图4-56所示。

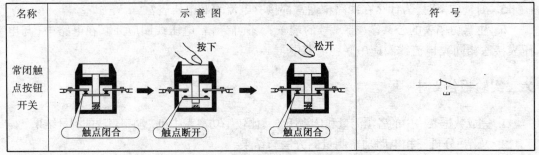

图4-56 常闭触点按钮开关示意图及符号

(3) 接触器。接触器分为线圈和触点两部分，线圈通直流电工作的为直流接触器，线圈通交流电工作的为交流接触器。对应的触点有常开和常闭两种，通电后常开触点闭合，常闭触点断开。接触器示意图如图4-57所示。

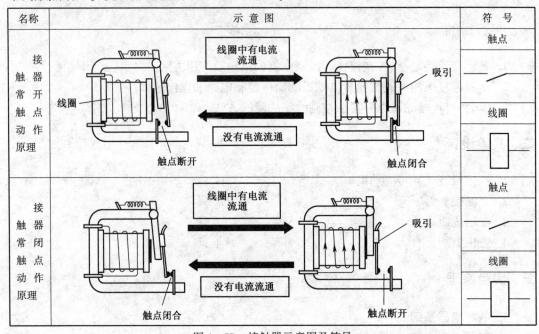

图4-57 接触器示意图及符号

2. 异步电机正反转原理

在实际的生产过程中，某些生产机械的运动，都要由电动机来带动，为满足生产工艺加工的需要，对电动机要进行自动控制，如点动、启动、停车、正反转、调速等。而用继电器、接触器等有触点电器组成的控制系统称为继电接触控制系统。

继电接触控制线路往往分为主电路和控制电路。主电路是指从电源经刀开关、熔断器、接触器主触点到电动机的线路，主电路的电源线一般较粗；由操作按钮、接触器、继电器及自锁、联锁环节组成的线路称为控制电路，控制电路使用的导线一般比较细。现在实际线路中刀开关和熔断器多用集二者功能为一体的空气开关所取代。

如图4-58所示,从鼠笼式电动机正反转控制线路可以看出,一般的继电接触控制电路都有短路、过载和失压保护。短路保护是由熔断器来实现的。当用电设备发生短路故障时能自动切断电路。过载保护是由热继电器来实现的。当电动机过载时,串接在主回路中的热元件动作,将其串联在控制回路中的常闭触点断开,接触器的线圈断电,其主触点断开,从而使电动机脱离电源而得到保护。失压保护是指电源暂时停电而使电动机断电,欠压保护是指电源电压太低而使电动机断电,当电源电压恢复时需按启动按钮后才能启动。这种继电接触控制与直接用刀开关的手动控制相比,可避免电源电压恢复时,电动机自动启动而可能造成的事故。这种功能即所谓失压和欠压保护。

为了避免接触器KM_F(正转)、KM_R(反转)同时得电吸合造成三相电源短路,在KM_F(KM_R)线圈支路中串接有KM_R(KM_F)常闭触头,它们保证了线路工作时KM_F、KM_R不会同时得电,以达到电器互锁目的。

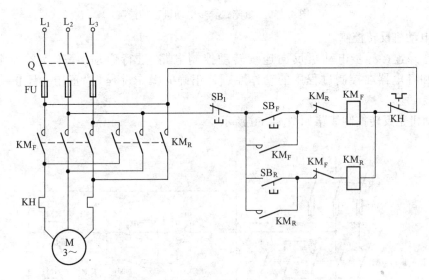

图4-58 异步电动机正反转原理图

四、实验内容

1. 首先观察和熟悉异步电动机及各个电器的型号、构造,熟悉其动作原理,记录铭牌数据,检验电器的选配是否合适,常开触点和常闭触点的动作原理。在连接任何线路时,请一定要确保电源已经断开,再进行接线,检查线路无误后再接通电源,切忌带电接线,接线一定要牢固,合闸时要合到底。

2. 电动机的点动控制。

设计并连接异步电动机的点动控制电路,进行点动操作,掌握点动控制电路的原理。

3. 电动机正转控制线路。

按图4-59所示,电路连接异步电动机正向连续转动控制电路,进行启动、停车实验。掌握其操作过程和各电器在控制过程中的动作原理。

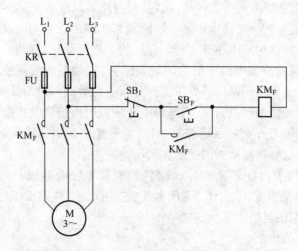

图 4-59 鼠笼式异步电动机正转控制

4. 电动机反转控制。

设计并连接异步电动机反向连续转动控制电路,进行启动、停车实验。掌握其操作过程和各电器在控制过程中的动作原理。正确的操作过程为"正转→停止→反转→停止"。

电动机正反转控制线路如图 4-60 所示。

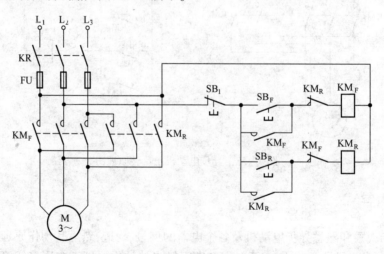

图 4-60 异步电动机正反转控制

设计并连接异步电动机正反转控制电路,进行启动、停车、正反转操作实验。掌握正确的操作过程,研究各电器的作用,观察各电器的动作情况。

5. 电动机点动及正反转控制线路。

设计并连接一个异步电动机既能点动又能正反转工作的控制电路,进行点动、启动、停车、正反转操作实验。掌握正确的操作过程,研究各电器的作用,观察各电器的动作情况。

五、预习、思考与注意事项

1. 熟悉教材中继电接触控制系统的基本内容。
2. 自行设计实验内容中未给出的异步电机控制线路图。
3. 实验中应特别注意人身安全,防止触电事故的发生。
4. 主电路用粗导线,控制电路用细导线。
5. 同一接点上连接的导线一般不应超过 3 根,接线时应尽量使线路整齐美观。
6. 考虑使用最简便的接线方式(即使用的导线根数越少越好)。
7. 接线完成后,经指导教师检查后,方可进行通电操作。
8. 在实验前,请先检验熔断器是否完好。在实验过程中若发生熔断器熔断的情况,请自行更换熔断器,更换时一定要注意安全。
9. 接通电源后,按启动按钮,接触器吸合,但电动机不转,且发出"嗡嗡"声响或电动机能启动,但转速很慢。这种故障来自主回路,大多是一相断线或电源缺相。
10. 接通电源后,按启动按钮,若接触器通断频繁,且发出连续的劈啪声或吸合不牢,发出颤动声,此类故障原因可能是:
 (1) 线路接错,将接触器线圈与自身的常闭触头串在一条回路上了;
 (2) 自锁触头接触不良,时通时断;
 (3) 电源电压过低或与接触器线圈电压等级不匹配。

实验 10 PLC 基础实验

一、实验目的

1. 学习和熟悉可编程控制器软件开发环境。
2. 学习和掌握可编程控制器程序的编写和程序的装载方法。
3. 学习可编程控制器基本指令的编程,加深主要逻辑指令的理解。

二、实验设备

1. 西门子公司 S7 – 200 可编程控制器实验箱　　1 台
2. 配有串口的计算机　　1 台
3. 下载电缆　　1 根

三、实验原理

1. PLC 硬件组成

自动化是指在没有人直接参与的情况下,由机器设备通过自动检测、信息处理、分析判断自动地实现预期的操作或过程。PLC(可编程序控制器)是实现自动化的重要设备,S7 –

200是西门子公司的小型PLC,图4-61是CPU224的各组成部分。

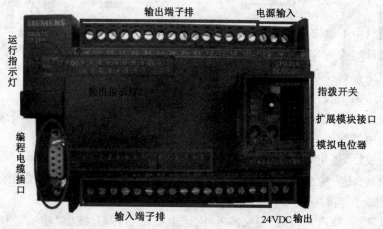

图4-61 S7-200外形

其中,运行指示灯反映PLC的工作运行状态,输入端子排用于连接输入设备,输出端子排用于连接输出设备,编程电缆插口用于和计算机通信,完成程序的下载。

(1) 输入点(INPUT)。INPUT部分有I0.0~I1.5共14个输入点(与PLC的输入点相连),其中1M、2M点为输入点的公共接地端,如果用户使用的输入点数不超过8点时只需1M接地,2M悬空即可,使用点数多时2M也必须接地。另外要用到的输入点要与直流电源+24V端连接,如图4-62所示。

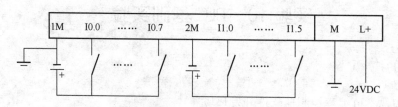

图4-62 PLC输入端口

(2) 输出点(OUTPUT)。OUTPUT部分有Q0.0~Q1.1共10个输出点(与PLC的输出点相连),其中1L+、2L+、L+使用时要接电源的高电平,实验时一般接24V电源正极(实验装置提供),如果接外部负载时要结合PLC对外输出电压范围和实际负载合理的选定电源。输出点可用于驱动相应的负载,如指示灯、电磁阀或继电器等,如图4-63所示。

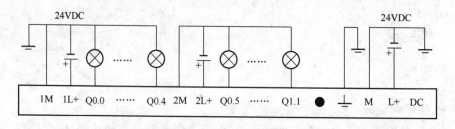

图4-63 PLC输出端口

2. 编程软件 STEP7 – Micro/Win

PLC 工作的核心是程序,常用的是西门子的 STEP7 – Micro/Win 编程软件,界面如图 4 – 64 所示。

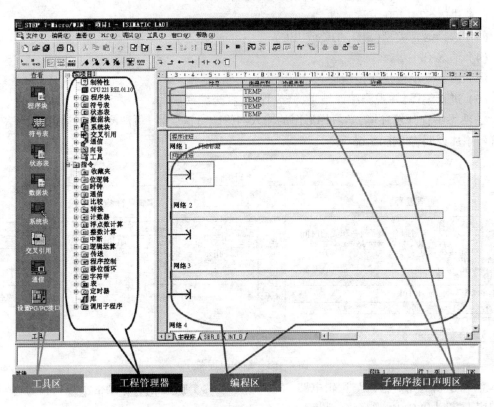

图 4 – 64　西门子 STEP7 – Micro/Win 编程软件示意图

注意:在菜单 Tools→Options→General 的 Language 中选择 Chinese,然后重新打开编程软件,界面就会切换为中文状态。

在编程区输入程序,在查看菜单中可切换程序的输入方式:STL,梯形图,FBD。常用的是梯形图输入方式,在工程管理器中可选择所需的各种基本元件,程序输入完成后,在"文件"菜单中选择"保存"完成程序的保存程序。

在"PLC"菜单中选择"编译",直到信息区中显示"0 个错误"为止。若有错误,则重新修改程序后再编译。

接下来,将编程电缆的一端与 PC 机的串口相连,一端与 PLC 的编程电缆接口相连,并打开 PLC 的电源,选择"文件"菜单中的"下载",即可将程序下载到 PLC 中。若出现通信错误,请检查通信电缆连接是否正常,PLC 电源是否已打开,PLC 应该置于停止模式,PLC 类型选择是否正确(菜单"PLC"→类型中进行 PLC 类型的设置)。

将 PLC 指拨开关置于"RUN"位置,在编程软件中选择菜单"PLC"→RUN(运行),单击"是"将 PLC 切换到运行模式,即可启动 PLC 的程序。

四、实验内容

1. 初次使用,按下面步骤进行实验。
   (1) 开机(打开计算机电源,但不接 PLC 电源)。
   (2) 进入 S7-200 编程软件。
   (3) 选择语言类型(SIMATIC 或 IEC)。
   (4) 输入 CPU 类型。
   (5) 由主菜单或快捷按钮输入、编辑程序。
   (6) 进行编译,并观测编译结果,修改程序,直至编译成功。

2. 熟悉编程开发环境,学习梯形图的输入与修改方法,学习写注释,学习利用字符表为各符号添加说明,如图 4-65 所示。

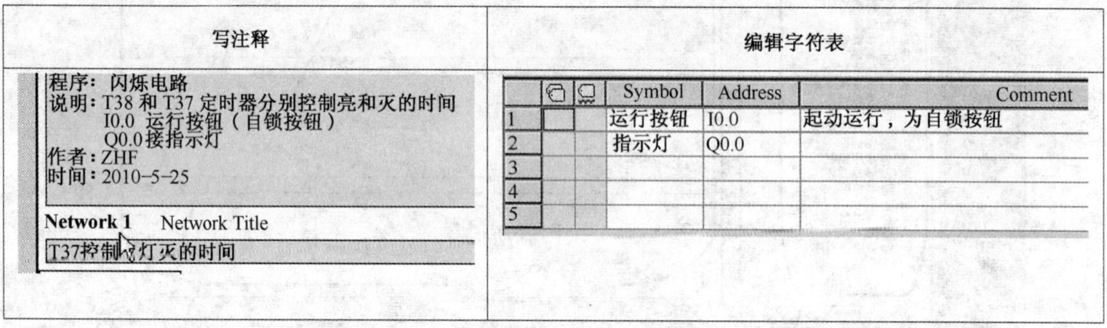

写注释	编辑字符表			
程序:闪烁电路 说明:T38 和 T37 定时器分别控制亮和灭的时间 I0.0 运行按钮(自锁按钮) Q0.0 接指示灯 作者:ZHF 时间:2010-5-25 Network 1 Network Title T37控制灯灭的时间		Symbol	Address	Comment
	1	运行按钮	I0.0	起动运行,为自锁按钮
	2	指示灯	Q0.0	
	3			
	4			
	5			

图 4-65 编程流程图

3. 与逻辑电路。输入与逻辑电路,I0.0、I0.1 接两个按键,Q0.0 接指示灯,将编译成功的程序下载到 PLC 中,观察将结果记入表 4-17 中。

表 4-17 数据记录表一

Network 1 Network Title 与逻辑 I0.0 I0.1 Q0.0 ─┤├──┤├───( )─	I0.0	I0.1	Q0.0
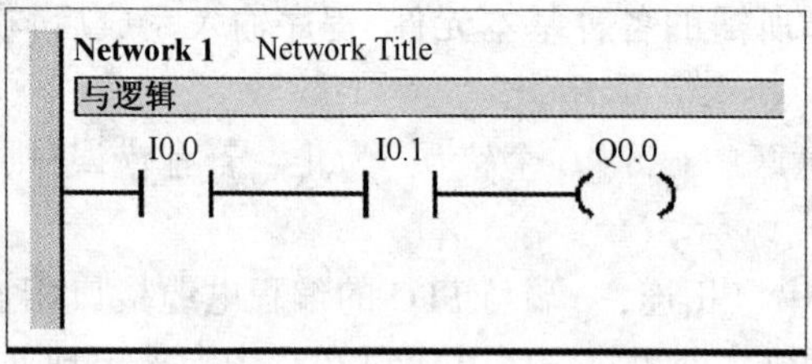			

4. 或逻辑电路。输入或逻辑电路,I0.0、I0.1 接两个按键,Q0.1 接指示灯,将编译成功的程序下载到 PLC 中,观察将结果记入表 4-18 中。

表 4-18　数据记录表二

		I0.0	I0.1	Q0.0
Network 1　Network Title 或逻辑 I0.0　　Q0.1 I0.1				

5. 延时电路。输入延时电路，I0.0 接按键，Q0.0 接指示灯，将编译成功的程序下载到 PLC 中，观察结果并记入表 4-19 中。

表 4-19　数据记录表三

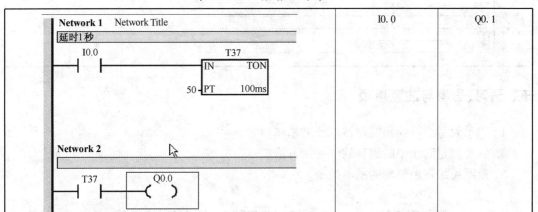

	I0.0	Q0.1

6. 闪烁电路。输入闪烁电路，I0.0 接按键，Q0.0 接指示灯，将编译成功的程序下载到 PLC 中，观察将结果记入表 4-20 中。

表 4-20　数据记录表四

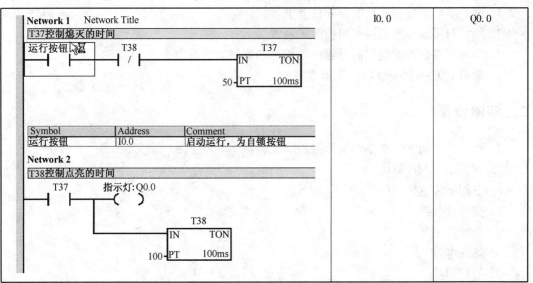

	I0.0	Q0.0

101

7. 启动、保持、停止电路(启保停)。输入启保停电路,I0.0、I0.1 接按键,Q0.0 接指示灯,将编译成功的程序下载到 PLC 中,观察将结果记入表 4-21 表中。

表 4-21 数据记录表五

Network 1 启保停电路	I0.0	I0.1	Q0.0
启动:I0.0 停止:I0.1 指示灯:Q0.0 指示灯:Q0.0			

Symbol	Address	Comment
启动	I0.0	
停止	I0.1	
指示灯	Q0.0	

五、预习、思考与注意事项

1. 熟悉教材中可编程控制器章节的基本内容。
2. 熟悉教材附录中的编程软件使用方法。
3. 熟悉可编程控制器的基本指令。

实验 11　PLC 电机正反转控制实验

一、实验目的

1. 进一步熟悉可编程控制器软件开发环境。
2. 加深对可编程控制器逻辑指令的理解。
3. 学习和掌握可编程控制器程序的编写和程序的装载方法。
4. 学习 PLC 外部 I/O 口及连接方法。

二、实验设备

1. 西门子公司 S7-200 可编程控制器实验箱　　1 台
2. 配有串口的计算机　　1 台
3. 三相异步电机　　1 个
4. 交流接触器　　2 只
5. 控制按钮　　4 只
6. 热继电器　　1 只
7. 三相刀闸　　1 只

三、实验原理

主电路的基本工作原理与实验"异步电动机的控制"相同,只是将控制电路替换成 PLC,控制过程由 PLC 的程序实现。当然,电路的抗干扰和可靠性也得到了很大的提高。将启动按钮、停止按钮接在 PLC 的输入点上,将交流接触器的线圈接在 PLC 的输出点上,从而由 PLC 内部的控制程序实现对电动机的正反转控制。

四、实验内容

主电路接线如图 4-66 所示,完成主电路的连线。

1. 点动控制与连续控制。实现电动机的单方向点动控制与连续控制,当点动按键按下时电机正转,放开时电机停止转动;当按下连续按键时电机正转,放开时依然转动。根据控制要求,自行设计梯形图,分配 I/O。

2. 带互锁的正反转控制。正转按键按下后,电动机正转;反转开关按下后,电动机反转;停止按键按下后,电动机停止;电机正转时,按下反转开关不起作用,必须先按下停止开关,反之亦然,即正反转按键有互锁功能。根据控制要求,自行设计梯形图,分配 I/O。

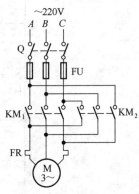

图 4-66 主电路控制图

3. 电动机点动及正反转控制。设计并连接一个异步电动机既能点动又能正反转工作的控制电路,进行点动、启动、停车、正反转操作实验,注意正确的操作过程。

4. 下载程序并观察运行结果,参考梯形图如图 4-67 所示。

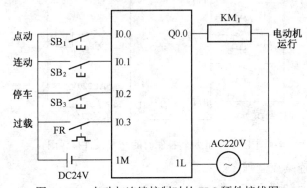

图 4-67 点动与连续控制时的 PLC 硬件接线图

(1) 点动与连续控制(图 4-68)。
(2) 带互锁的正反转控制(图 4-69 和图 4-70)。

五、预习、思考与注意事项

1. 熟悉电机正反转的原理。

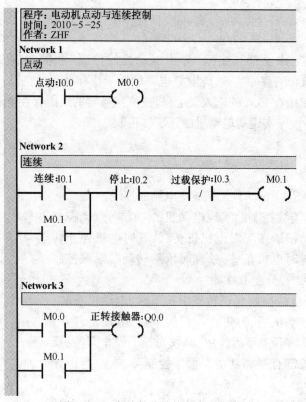

图4-68 点动与连续控制参考程序

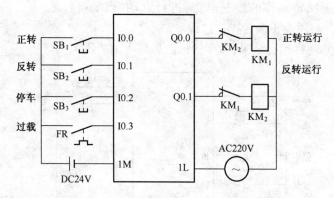

图4-69 正反转控制时的PLC硬件接线图

2. 编写点动与连续控制程序。
3. 编写电机正反转程序。
4. 进行I/O地址分配,绘制I/O接线图。
5. 主电路应使用粗导线连接。

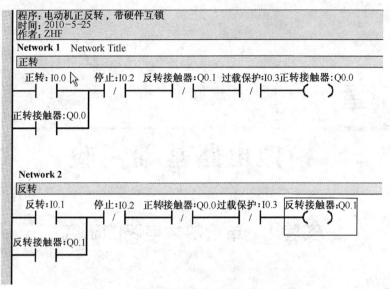

图4-70 带互锁的正反转控制参考程序

第 5 章

模拟电路基础实验

实验 1　单管放大电路的研究

一、实验目的

1. 学习放大电路静态工作点的测量及调试方法,分析静态工作点对放大电路性能的影响。

2. 研究放大电路的动态性能指标;掌握电压放大倍数、输入电阻、输出电阻及最大不失真输出电压的测试方法。

3. 进一步熟悉电子仪器的使用,熟悉模拟电路综合实验设备。

二、实验设备

1. 函数信号发生器　　　　1 台
2. 双踪示波器　　　　　　1 台
3. 交流毫伏表　　　　　　1 台
4. 模拟实验箱　　　　　　1 台
5. 数字万用表　　　　　　1 块

三、实验原理

图 5-1 为共射极单管放大器的实验电路图。图中可变电阻 R_W 是为调节晶体管静态工作点 Q 而设置的。

1. 电路处于静态时

偏置电路中采用 R_{B1} 和 R_{B2} 组成的分压电路,并在发射极中接有电阻 R_E,同时并联交流旁路电容 C_E,以稳定放大器的静态工作点,避免温度漂移。

电路中,当流过偏置电阻 R_{B1} 和 R_{B2} 的电流远大于晶体管 VT 的基极电流 I_B 时(一般 5 倍~10 倍),则它的静态工作点可用下式估算(图 5-2),即

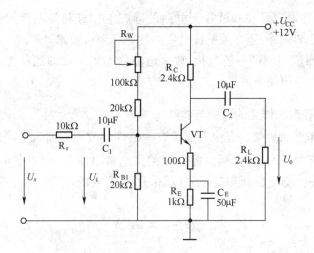

图 5-1 共射极单管放大电路

$$U_B = \frac{R_{B2}}{R_{B1}+R_{B2}} U_{CC}$$

$$I_{CQ} \approx I_{EQ} = \frac{U_E}{R_E} = \frac{U_B - U_{BEQ}}{R_E}$$

$$I_{BQ} = \frac{I_{CQ}}{\beta}$$

$$U_{BE} \approx 0.7\mathrm{V}$$

$$U_{CEQ} \cong U_{CC} - I_{CQ}(R_C + R_E)$$

2. 电路处于动态时

当在放大器的输入端加入动态小信号 U_i 后,通过电压放大电路,其输出端可得到一个与 U_i 相位相反、幅值被放大了的输出信号 U_o。

电压放大倍数为

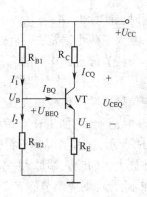

图 5-2 直流通路及静态工作点估算

$$A_V = -\beta \frac{R_C /\!/ R_L}{r_{be}+(1+\beta)R_E}$$

其中

$$r_{be} = 300 + (1+\beta)\frac{26}{I_E}$$

输入电阻为

$$R_i = R_{B1} /\!/ R_{B2} /\!/ [r_{be}+(1+\beta)R_E]$$

输出电阻为

$$R_o = R_C$$

由于电子元件性能的分散性比较大,因此,在设计和制作晶体管放大电路时,离不开测量和调试技术。在设计前应测量所用元件的参数,为电路设计提供必要的依据,在完成设计和装配以后,还必须测量和调试放大电路的静态工作点和各项性能指标。因此,除了学习放大电路的理论知识外,还必须掌握必要的测量和调试技术。

放大电路的测量和调试一般包括:放大电路静态工作点的测量与调试;消除干扰与自激振荡及放大电路各项动态参数的测量与调试等。

3. 放大电路静态工作点的测量与调试

(1) 静态工作点的测量。令输入信号 $U_i=0$,即将放大器输入端接地,选用量程合适的直流毫安表和直流电压表,分别测量晶体管的集电极电流 I_{CQ} 以及各电极对地的电位 U_B、U_C 和 U_E。实验中为避免断开集电极,一般采用测量电压 U_C 或 U_E,然后算出 I_C 的方法。具体有

$$I_C \approx I_E = U_E/R_E$$

或

$$I_C = \frac{U_{CC} - U_C}{R_C}$$

同时也能算出 $U_{BE} = U_B - U_E$,$U_{CE} = U_C - U_E$。

为了减小误差,提高测量精度,应选用内阻较高的直流电压表。

(2) 静态工作点的调试。对晶体管集电极电流 I_C(或 U_{CE})的调整与测试。静态工作点是否合适,对放大器的性能和输出波形都有很大影响。如工作点偏低,放大器在加入交变信号后易产生截止失真,即 U_o 的正半周被缩顶(一般截止失真不如饱和失真明显),如图 5-3(a)所示;如工作点偏高,则易产生饱和失真,此时 U_o 的负半周将被削底,如图 5-3(b)所示,这些情况都不符合放大的要求。所以在选定工作点以后还必须进行动态调试,即在放大器的输入端加入一定的输入电压 U_i,检查输出电压 U_o 的大小和波形是否满足要求,如不满足,则应调节静态工作点的位置。

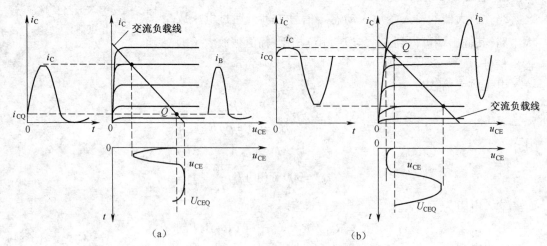

图 5-3 静态工作点对 U_o 波形失真的影响

(a)截止失真;(b)饱和失真。

改变电路参数 U_{CC}、R_C、R_B(R_{B1}、R_{B2})、R_E 都会引起静态工作点的变化,如图 5-2 所

示。但通常多采用调节偏置电阻 R_{B1} 的方法来改变静态工作点。如实验电路图 5-1 所示。

注意:工作点"偏高"或"偏低"不是绝对的,而是相对信号的幅度而言,如输入信号幅度很小,即使工作点较高或较低也不一定会出现失真。因此,产生波形失真是信号幅度与静态工作点的设置配合不当所致。如需满足较大信号幅度的要求,静态工作点最好尽量靠近交流负载线的中点,即恒流线性放大区的中部,否则易发生饱和或截止失真。

4. 放大器动态指标测试

放大器动态指标测试包括电压放大倍数、输入电阻、输出电阻、最大不失真输出电压(动态范围)和通频带等。

(1) 电压放大倍数 A_U 的测量。调整放大器到合适的静态工作点后接入动态电压小信号 U_i,在输出电压 U_o 不失真的情况下,用交流毫伏表测出 U_i 和 U_o 的有效值,则

$$A_U = \frac{U_o}{U_i}$$

(2) 输入电阻 R_i 的测量。按图 5-4 电路在被测放大器的输入端与信号源之间串入一已知电阻 R_s,在放大器正常工作的情况下,用交流毫伏表测出 U_s 和 U_i,则根据输入电阻的定义可得

$$R_i = \frac{U_i}{I_i} = \frac{U_i}{\dfrac{U_R}{R_s}} = \frac{U_i}{U_s - U_i} R_s$$

测量时应注意下列几点。

① 由于电阻 R_s 两端没有电路公共接地点,所以测量 R_s 两端电压 U_R 时必须分别测出 U_s 和 U_i,然后按 $U_R = U_s - U_i$ 求出 U_R 值。

② 电阻 R_s 的值不宜取得过大或过小,以免产生较大的测量误差,通常取 R 与 R_i 为同一数量级为好。

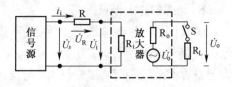

图 5-4 输入、输出电阻测量电路

(3) 输出电阻 R_o 的测量。

由输出电阻的定义可得

$$R_o = \left.\frac{\dot{U}_o}{\dot{I}_o}\right|_{R_L=\infty, U_s=0}$$

R_o 的测量方法一般有以下 3 种。

① 在输出端加电压 $\dot{U}$,求出由 $\dot{U}$ 产生的电流 $\dot{I}$,则输出电阻 R_o 为

$$R_o = \frac{\dot{U}}{\dot{I}} = R_C$$

② 测出开路电压和短路电流,即

$$R_i = \frac{U_{oO}}{i_{sC}}$$

③ 采用两次测压法测出等效输出电阻 R_o，即

$$R_o = \left(\frac{u_{oC}}{u} - 1\right) R_L$$

式中：u_{oC} 是开路电压；u 是当负载为 R_L 时的负载电压；在测试中应注意，必须保持 R_L 接入前后输入信号的大小不变。

(4) 最大不失真输出电压 U_{oPP} 的测量（最大动态范围）。为得到最大动态范围，应将静态工作点调在交流负载线的中点。为此，在放大器正常工作的情况下，逐步增大输入信号的幅度，并同时调节 R_W 来改变静态工作点，用示波器观察输出电压 u_o 的波形，当输出波形同时出现削底和缩顶现象，如图 5-5 所示，说明静态工作点已调在交流负载线的中点。之后反复调整输入信号 u_i，使波形输出幅度最大，且无明显失真时，用交流毫伏表测出输出电压的有效值 U_o，则动态范围为 $2U_o$，或用示波器可直接读出 U_{oPP} 值。

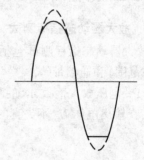

图 5-5　静态工作点正常，输入信号太大引起的失真

四、实验内容

实验电路如图 5-1 所示。

1. 静态工作点调试。

函数信号发生器输出调为零（或不接信号源），先将 R_W 调至最大，接通 +12V 直流供电电源。调节 R_W，使 $I_C = 2.0\text{mA}$（即 $U_E = 2.0\text{V}$），用直流电压表测量 U_B、U_C、U_E 及用万用电表测量 R_{B1} 的值。记入表 5-1 中，与预习计算值比较。

表 5-1　数据记录表（$I_C = 2mA$）

测 量 值					计 算 值	
U_B/V	U_C/V	U_E/V	R_{B1}/kΩ	I_B/mA	U_{BE}/V	U_{CE}/V

注意：

(1) 静态时的被测量为直流量，用万用表的直流挡，并注意正确选用量程。

(2) 测量电阻 R_{B1} 的阻值时，应在不通电的条件下且将 R_{B1} 的两端与线路断开后才能进行测量。

2. 动态性能的研究。

(1) 定性观察放大现象。调节正弦函数信号发生器输出频率为 1kHz、10mV 的正弦信号，接入放大电路的输入端，即放大器输入电压 $u_i \approx 10\text{mV}$。

(2) 测量电压放大倍数。同时用双踪示波器观察放大器的动态输入电压 u_i、输出电压 u_o 波形，比较二者的幅度及相位关系，体会放大效果。在波形不失真的条件下，用交流毫伏表测量下述情况下的 u_o 值，记入表 5-2 中。

表 5-2 数据记录表（$I_C=2.0mA, u_i= \quad mV$）

$R_C/k\Omega$	$R_L/k\Omega$	u_o/V	A_U（估算）	A_U（实测计算）	u_i、u_o 波形
2.4	∞				
2.4	2.4				
1.2	∞				

(3) 测量输入电阻。置 $R_C=2.4k\Omega$，$R_L=2.4k\Omega$，$I_C=2.0mA$。输入 $f=1kHz$ 的正弦信号，在输出电压 u_o 不失真的情况下，用交流毫伏表测出 u_s、u_i 和 u_L，保持 u_i 不变，断开 R_L，测量输出电压 u_o，记入表 5-3 中，计算出 R_i 和 R_o。

表 5-3 数据记录表（$I_C=2.0mA, R_C=2.4k\Omega, R_L=2.4k\Omega$）

u_s/mV	u_i/mV	$R_i/k\Omega$		u_L/V	u_o/V	$R_o/k\Omega$	
		估算值	实测计算值			估算值	实测计算值

3. 选作内容。

(1) 观察静态工作点对电压放大倍数的影响。置 $R_C=2.4k\Omega$，$R_L=\infty$，$u_i=10mV$，调节 R_W，用示波器观察输出电压 u_o 波形，在 u_o 不失真的条件下，测量数组 u_o 值，记入表 5-4 中。

表 5-4 数据记录表（$R_C=2.4k\Omega, R_L=\infty, u_i= \quad mV$）

u_o/V					
A_U（实测计算）					

(2) 观察静态工作点对输出波形失真的影响。置 $R_C=2.4k\Omega$，$R_L=\infty$，$u_i=0$，调节 R_W，使 $I_C=2.0mA$，测出 U_{CE} 值，再逐步加大输入信号，使输出电压 u_o 足够大但不失真。然后保持输入信号不变，分别增大和减小 R_W，使波形出现不同的失真，绘出 u_o 的波形，并测出失真情况下的 I_C 和 U_{CE} 值，记入表 5-5 中。每次测 I_C 和 U_{CE} 值时都要将信号源的输出旋钮旋至 0。

表 5-5 数据记录表（$R_C=2.4k\Omega, R_L=\infty, u_i= \quad mV$）

I_C/mA	U_{CE}/V	u_o/V	失真情况	工作状态
2.0				

(3) 测量最大不失真输出电压。置 $R_C=2.4k\Omega$，$R_L=2.4k\Omega$，按照实验原理中所述方法，同时调节输入信号的幅度和电位器 R_W，用示波器和交流毫伏表测量 U_{oPP} 及 U_o 值，记入表 5-6 中。

表 5-6 数据记录表($R_C = 2.4k\Omega, R_L = 2.4k\Omega$)

I_C/mA	u_{im}/mV	u_{om}/V	U_{oPP}/V

五、预习要求

1. 阅读教材中有关单管放大电路的内容并估算实验电路的性能指标。假设:3DG6 的 $\beta = 100, R_{B1} = 60k\Omega, R_{B2} = 20k\Omega, R_C = 2.4k\Omega$。估算放大器的静态工作点,电压放大倍数 A_U,输入电阻 R_i 和输出电阻 R_o。

2. 估算当其余电路参数不变时,使 u_o 波形不失真的 R_{B1} 的阻值范围。

3. 掌握放大电路的 Q 点、A_U、R_i、R_o 的测量方法。

六、实验问题与总结

1. 列表整理测量结果,并把实测的静态工作点、电压放大倍数、输入电阻、输出电阻之值与理论计算值比较(取一组数据进行比较),分析产生误差原因。

2. 总结 R_C、R_L 及静态工作点对放大器电压放大倍数、输入电阻、输出电阻的影响。

3. 讨论静态工作点变化对放大器输出波形的影响。

4. 测试中,如果将函数信号发生器、交流毫伏表、示波器中任一仪器的两个测试端子接线换位(即各仪器的接地端不再连在一起),将会出现什么问题?

5. 在测试 A_V、R_i 和 R_o 时怎样选择输入信号的大小和频率?为什么信号频率一般选 1kHz,而不选 100kHz 或更高?

实验 2　集成运算放大器的基本应用——模拟运算电路

一、实验目的

1. 通过对集成运算放大器的理论学习及使用,了解其主要参数指标及实际应用时应考虑的一些问题。

2. 研究并掌握由集成运算放大器组成的比例、求和和积分、微分等基本运算电路的功能。

3. 掌握在深度负反馈条件下,对集成运放的主要性能的影响,电压放大倍数、输入电阻、输出电阻的测试。

二、实验设备与器件

1. 函数信号发生器　　　　1 台
2. 双踪示波器　　　　　　1 台
3. 交流毫伏表　　　　　　1 块

4. 模拟实验箱　　　　　　　1 块
5. 数字万用表　　　　　　　1 块
6. μA741 及电阻电容等　　　若干

三、实验原理

实验中常采用的集成运放 LM741、μA741(或 F007),引脚排列如图 5-6 所示。它是八脚双列直插式组件,②脚和③脚为反相和同相输入端,⑥脚为输出端,⑦脚和④脚为正、负电源端,①脚和⑤脚为失调调零端,两脚之间可接入一只几十千欧的电位器并将滑动触头接到负电源端,⑧脚为空脚。集成运放工作时需要由同样大小的正、负电源供电,其值由 ±12V ~ ±18V,而一般使用 ±15V 的供电电压。μA741 运算放大器的输入电压经差动放大后,输出电压有线性区及非线性区,电压传输特性曲线如图 5-7 所示。

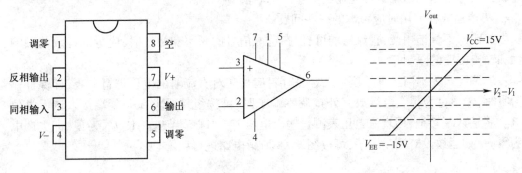

图 5-6　μA741 引线排列图　　　　图 5-7　集成运放输入输出电压传输特性曲线图

在使用集成运算放大器时,用性能指标来衡量其质量的优劣,为正确使用集成运放,必须了解其主要参数指标的含义。

1. 集成运放的主要参数指标。

(1) 输入失调电压 U_{IO}。理想运放组件,当动态输入信号为零时,其输出也为零。但由于运放内部输入级差动电路的参数不完全对称等各种原因,使输出电压往往不为零。这种零输入时输出不为零的现象称为集成运放的失调。输入失调电压 U_{IO} 是指输入信号为零时,输出端测得的电压折算到同相输入端的数值。其值反映了电路的不对称程度和调零的难易,在 1mV ~ 10mV 范围,要求越小越好。该电压是为了使输出电压为零而在输入端加的补偿电压(去掉外接调零电位器)。

(2) 输入失调电流 I_{IO}。当输入信号为零时,运放的两个输入端的基极偏置电流之差,$I_{IO} = |I_{B1} - I_{B2}|$。其值的大小反映了运放内部差动输入级两个晶体管 β 的失配度,由于 I_{B1}、I_{B2} 本身的数值很小(微安级),因此它们的差值通常不是直接测量的。

(3) 差模开环电压放大倍数 A_{ud}。A_{ud} 表示集成运放本身在无外加反馈的开环状态下的差模放大倍数,定义为 $A_{ud} = \dfrac{U_o}{U_{id}} = \dfrac{U_o}{u_+ - u_-}$。体现了集成运放的电压放大能力,对于集成运放而言,希望 A_{ud} 越大且电路越稳定,运算精度也越高。目前高增益集成运放的 A_{ud} 可高达

140dB(一般为 $10^4 \sim 10^7$),理想集成运放认为 A_{ud} 为无穷大。

(4) 共模抑制比 K_{CMRR}。集成运放的差模电压放大倍数 A_{ud} 与共模电压放大倍数 A_{uc} 之比称为共模抑制比:$K_{CMRR} = |A_{ud}/A_{uc}|$ 或 $K_{CMRR} = 20\lg|A_{ud}/A_{uc}|$ (dB)。电路对称性越好,运放对共模干扰信号的抑制能力越强,输出端共模信号越小,即 K_{CMRR} 越大。综合衡量集成运放的放大能力和对共模输入信号的抑制能力、抗温漂、抗干扰的能力,希望其值越大越好,一般应大于 80dB。理想集成运放的 K_{CMR} 为无穷大。

(5) 最大共模输入电压范围 U_{icm}。集成运放所能承受的最大共模输入电压,超出这个范围,运放的 K_{CMRR} 会大大下降,输出波形产生失真,有些运放还会出现"自锁"现象以及永久性的损坏。

(6) 最大输出电压动态范围 U_{oPP}。集成运放的动态范围与电源电压、外接负载及信号源频率有关。当改变 U_i 幅度,观察 U_o 削顶失真开始时刻,从而确定 U_o 的不失真范围,就是运放在某一定电源电压下可能输出的电压峰峰值 U_{oPP}。

2. 集成运放在使用时应考虑的一些问题。

(1) 输入信号选用交、直流量均可,但在选取信号的频率和幅度时,应考虑运放的频响特性和输出幅度的限制。

(2) 调零。为提高运算精度,在做实验前,应首先对直流输出电压进行调零,即保证输入为零时,输出也为零。当运放有外接调零端子时,可按组件要求在调零端接入调零电位器 R_W,将输入端接地,用直流电压表测量输出电压 U_o,细心调节 R_W,使 U_o 为零(即失调电压为零)。如运放没有调零端子,可按图 5-8 所示电路进行调零。

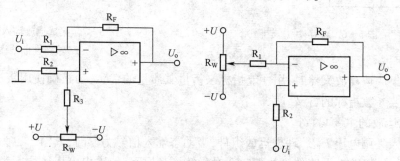

图 5-8 调零电路

一个运放如不能调零,大致有如下原因。

① 组件正常,但电路接线有错误。

② 组件正常,但负反馈不够强(R_F/R_1 太大),为此可将 R_F 短路,观察是否能调零。

③ 组件正常,但由于它所允许的共模输入电压太低,可能出现自锁现象,因而不能调零。为此可将电源断开后,再重新接通,如能恢复正常,则属于这种情况。

④ 组件正常,但电路有自激振荡现象,应进行消振。

⑤ 组件内部损坏,应更换好的集成块。

(3) 消振。一个集成运放自激时,表现为即使输入信号为零,亦会有输出,使各种运算功能无法实现,严重时还会损坏器件。在实验中,可用示波器监视输出波形。为消除运放的自激,常采用以下措施。

① 若运放有相位补偿端子,可利用外接 RC 补偿电路,产品手册中有补偿电路及元件参数提供。

② 电路布线、元件布局应尽量减少分布电容的大小。

③ 在正、负电源进线与地之间接上几十微法的电解电容和 $0.01\mu F \sim 0.1\mu F$ 的陶瓷电容相并联以减小电源引线的影响。

3. 集成运算放大器是一种具有高电压放大倍数的直接耦合多级放大电路。由其电压传输特性可知集成运放的工作区分为线性区和非线性区,由于集成运放的 A_{ud} 非常大,运放的线性范围很小,实际中无法使用,必须在输出与输入之间加深负反馈才能扩大输入信号的线性范围。当外部接入不同的线性或非线性元件组成输入和负反馈电路时,便可以灵活地实现各种特定的函数关系。在线性应用方面,可组成比例、加法、减法、积分、微分、对数等模拟运算电路。

(1) 理想运算放大器特性。通常情况下将各项技术指标理想化,满足下列条件的集成运算放大器称为理想运放。

开环电压增益:$A_{ud} = \infty$。

输入阻抗:$r_i = \infty$。

输出阻抗:$r_o = 0$。

带宽:$f_{BW} = \infty$。

失调与漂移均为零等。

(2) 理想运放在线性应用时的两个重要特性。

① 输出电压 U_o 与输入电压之间满足关系式 $U_o = A_{ud}(U_+ - U_-)$。

由于 $A_{ud} = \infty$,而 U_o 为有限值,因此,$U_+ - U_- \approx 0$,即 $U_+ \approx U_-$,称为"虚短"。

② 由于 $r_i = \infty$,故流进运放两个输入端的电流可视为零,即 $I_{IB} = 0$,称为"虚断"。这说明运放对其前级吸取电流极小。

上述两个特性是分析理想运放应用电路的基本原则,可简化运放电路的计算。

四、实验内容

实验前熟悉集成运放组件及管脚排列、电源电压极性及数值,切忌正、负电源接反,输出端短路,否则将会损坏集成元件。本实验中输入信号 U_i 建议均取用 $f = 100Hz, U_i = 0.5V$ 的正弦波。可用毫伏表或万用表 ACV 挡测量 U_i 的有效值,也可通过示波器直接读出其峰峰值或有效值。

1. 反相比例运算电路

按图 5-9 所示连接实验电路,接通 ±12V 电源,输入端对地短路,进行调零和消振。图中同相输入端接入平衡电阻平衡电阻 R_2,通常取 $R_2 = R_1 // R_F$。注意:在以下各实验中要根据 R_1、R_F 的取值调整平衡电阻的大小,以保证其输入端的电阻平衡,减小输入级偏置电流引起的运算误差,从而提高差动电路的对称性,由此提高共模抑制比。

(1) 电压放大倍数 A_{uf} 的测量。选择不同的反馈电阻 R_F 及平衡电阻 R_2,测量输入信号

电压 U_i 及相应的输出电压 U_o,计算 A_{uf},并用示波器观察 U_o 和 U_i 的相位关系,记入表 5-7 中。

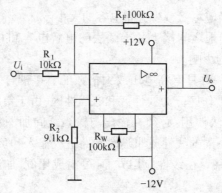

图 5-9 反相比例运算电路

表 5-7 数据记录表

R_F/kΩ	U_i/V	U_o/V	A_{uf}		U_i 波形	
			理论计算值	实测值		
100					U_o 波形	
10						

(2) 请分析判断该电路采用的反馈组态,并分析该反馈对电路的影响,试着分析计算 R_{if} 及 R_{of}。

2. 同相比例运算电路

按图 5-10 所示连接实验电路,实验步骤同内容 1,将结果记入表 5-8 中。

将图 5-10 中的 R_1 断开,得电路图 5-11,重复上述实验步骤,将结果记入表 5-8 中。

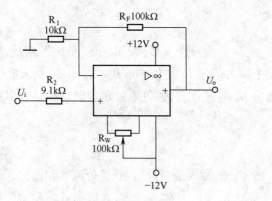

图 5-10 同相比例运算电路

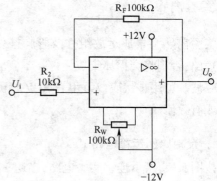

图 5-11 电压跟随器

当 $R_1 \to \infty$ 时,$U_o = U_i$,即得到如图 5-11 所示的电压跟随器。图中 $R_2 = R_F$,用以减少漂移和起保护作用。一般 R_F 取 10kΩ,R_F 太小起不到保护作用,太大则影响跟随性。

表 5-8 数据记录表($f=100Hz, U_i=0.5V$)

$R_F/kΩ$	U_i/V	U_o/V	A_{uf}		U_i 波形
			理论计算值	实测值	
100					
10					U_o 波形
R_1 断开					

3. 反相加法运算电路

按电路图 5-12 所示连接实验电路,接电源、调零和消振。

从实验箱的直流可调电源调出合适的直流电压信号作为输入信号 U_{i1}、U_{i2},注意直流信号幅度要确保集成运放工作在线性区。用万用表测量输入电压 U_{i1}、U_{i2} 及输出电压 U_o,记入表 5-9 中。

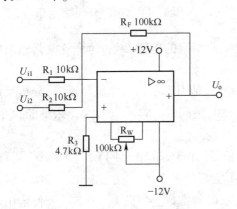

表 5-9 数据记录表

	反相加法	减法运算
U_{i1}		
U_{i2}		
U_o		
A_{uf}		

图 5-12 反相加法运算电路

4. 减法运算电路

按电路图 5-13 连接实验电路,调零和消振。

反相加法运算电路,采用直流输入信号,实验步骤同内容 3,测量结果记入表 5-9 中。

5. 积分运算电路

实验电路如图 5-14 所示。在进行积分运算之前,首先应对运放调零。为了便于调节,将图中 S_1 闭合,即通过电阻 R_2 的负反馈作用帮助实现调零。但在完成调零后,应将 S_1 打开,以免 R_2 的接入造成积分误差。S_2 的设置一方面为积分电容放电提供通路,同时可实现积分电容初始电压 $U_{C(0)}=0$,另一方面可控制积分起始点,即在加入信号 U_i 后,只要 S_2 一打开,电容就将被恒流充电,电路也就开始进行积分运算。显然,RC 的数值越大,达到给定的 U_o 值所需的时间就越长。积分输出电压所能达到的最大值受集

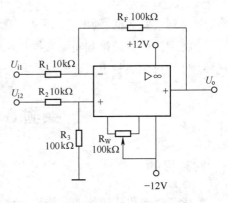

图 5-13 差分运算电路

成运放最大输出范围的限制。

(1) 闭合 S_1，断开 S_2，对运放输出进行调零。

(2) 调零完成后，再打开 S_1，闭合 S_2，使 $U_C(0)=0$。

(3) 预先调好电压 $U_i=0.5V$，$f=200Hz$ 的方波信号作为输入信号，接入实验电路，再打开 S_2，然后观察输出信号并记录大小和波形。

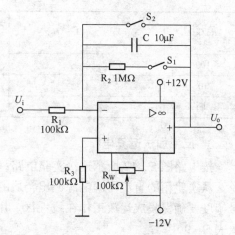

图 5-14 反相积分运算电路

五、预习要求

1. 查阅 μA741 典型的参数指标及管脚功能，学习集成器件的正确、安全使用。

2. 结合理论课预习集成运放线性应用部分内容，以及反相比例运算电路、同相比例运算电路等模拟运算电路。根据上述基本模拟运算关系以及实验给定的电路参数，计算各电路输出电压的理论值。

3. 在反相比例运算电路、同相比例运算等电路中，都引入了深度电压负反馈，分析反馈对电路的作用后，考虑到它们的输出电阻小到趋于0，请问 R_1、R_L 的取值为什么不能太小? 否则会出什么问题?

4. 在反相加法器中，如 U_{i1} 和 U_{i2} 均采用直流信号，并选定 $U_{i2}=-1V$，当考虑到运算放大器的最大输出幅度(±12V)时，$|U_{i1}|$ 的大小不应超过多少伏?

5. 在积分电路中，如 $R_1=100kΩ$，$C=4.7μF$，求时间常数。假设 $U_i=0.5V$，要使输出电压 U_o 达到 5V，需多长时间(设 $U_C(0)=0$)?

六、实验总结

1. 整理实验数据，画出波形图(注意波形间的相位关系)。
2. 将理论计算结果和实测数据相比较，分析产生误差的原因。
3. 分析讨论实验中出现的现象和问题。

实验 3　波形发生器

一、实验目的

1. 学习理解集成运放的非线性工作条件及特性，掌握用集成运放构成电压比较器的电路及工作特点。
2. 学习用集成运放构成正弦波、方波和三角波发生器。
3. 学习波形发生器的调整和主要性能指标的测试方法。

二、实验设备与器件

1. 双踪示波器　　　　　1 台
2. 交流毫伏表　　　　　1 台
3. 模拟实验箱　　　　　1 台
4. 数字万用表　　　　　1 台
5. 运算放大器 μA741　　2 块

三、实验原理

1. 集成运算放大器的非线性应用

非线性应用是指由运放组成的电路处于非线性状态,输出与输入的关系 $u_o = f(u_i)$ 是非线性函数。$U_o \neq A_{ud}(U_+ - U_-)$。

非线性放大区分析依据如下。

(1) 输出电压只有两种可能的状态：$+U_{om}$ 或 $-U_{om}$,而 $+U_{om}$ 不等于 $-U_{om}$(虚短不存在)。

当 $U_+ > U_-$ 时,$U_o = +U_{om}$。

当 $U_+ < U_-$ 时,$U_o = -U_{om}$。

(2) 集成运放的输入电流等于零(虚断存在)。

条件:运算放大器处于开环或者正反馈工作状态,或者电路中的集成运放处于线性状态,但外围电路有非线性元件(二极管、三极管、稳压管等)。

2. 电压比较器的构成及分析

电压比较器是典型的集成运放非线性应用电路,图 5-15 所示为一最简单的电压比较器,运放同相输入端的 U_R 为参考电压,反相输入端的 u_i 为输入比较电压信号。电路中运算放大器处在开环状态,由于电压放大倍数极高,因而输入端之间只要有微小电压输入量 u_{id},运算放大器便进入非线性工作区域,输出电压 u_o 达到最大值 U_{om}。当 $u_i < U_R$ 时,$u_o = U_{om}$；当 $u_i > U_R$ 时,$u_o = -U_{om}$。因此,通过它可将模拟电压信号和参考电压相比较,以 U_R 为界,当输入电压 u_i 变化时,输出端将产生跃变,相应的输出高电平或低电平。

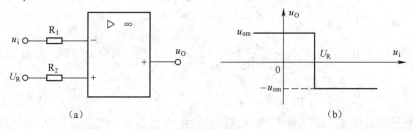

图 5-15　电压比较器
(a)电路；(b)电压传输特性。

通过电压比较器可以组成非正弦波形变换电路及应用于模拟与数字信号转换等领域。

常用的有过零电压比较器、具有滞回特性的过零比较器、双门限比较器(又称窗口比较器)等。

(1) 限幅过零比较器。图 5-16 所示为加限幅电路的过零比较器,D_Z 为限幅稳压管。输入信号 u_i 从运放的反相端输入,同相输入端的参考电压 U_R 为零。当 $u_i > 0$ 时,输出 $u_o = -U_Z$;当 $u_i < 0$ 时,$u_o = +U_Z$。其电压传输特性如图 5-16(b)所示。过零比较器结构简单,灵敏度高,但抗干扰能力差。

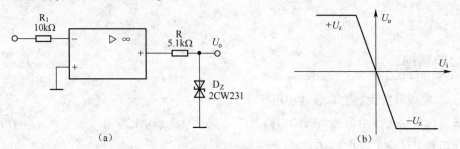

图 5-16 过零比较器
(a)电路;(b)电压传输特性。

(2) 过零滞回比较器。图 5-16 所示的过零比较器在实际工作时,如果 u_i 恰好在过零值附近,则由于零点漂移的存在,u_o 将不断由一个极限值转换到另一个极限值,这在控制系统中,对执行机构将是很不利的。为此,就需要输出特性具有滞回现象。如图 5-17 所示,从输出端引一个分压电阻构成正反馈支路到同相输入端,若 u_o 改变状态,P 点也随着改变电位,使过零点离开原来位置。

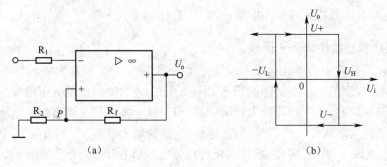

图 5-17 过零滞回比较器
(a)电路;(b)电压传输特性。

当 u_o 为正(记作 U_+),$U_P = \dfrac{R_2}{R_f + R_2} U_o \dfrac{R_2}{R_f + R_2} U_+ = U_H$,则当 $u_i > U_H$ 后,u_o 即由正变负(记作 U_-),此时,$U_P = \dfrac{R_2}{R_f + R_2} U_o = \dfrac{R_2}{R_f + R_2} U_- = U_L$,$U_H$ 变为 U_L。只有当 $u_i < U_L$,才能使 $u_o = U_+$,于是出现图 5-17(b)中所示的滞回特性。U_H 与 U_L 的差值称为回差电压,并通过改变 R_2 的阻值可以改变回差电压的大小。

3. 由集成运放构成的正弦波、方波和三角波发生器有多种形式,本实验选用最常用的、线路比较简单的几种电路加以分析。

(1) RC 桥式正弦波振荡电路（文氏电桥振荡器）。图 5-18(b) 中，相同的 RC 元件组成了 RC 串并联选频网络，而实质它又是振荡器的正反馈网络。R_2、R_3、R_W 及二极管等元件接在运算放大器的输出端和反相输入端之间，构成负反馈和稳幅环节。正反馈与负反馈电路构成了文氏电桥振荡电路，运算放大器的输入端和输出端分别跨接在电桥的对角线上，形成四臂电桥，由此而得名。

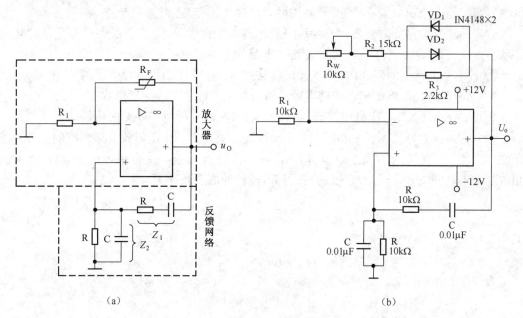

图 5-18 RC 桥式正弦波振荡电路
(a) 原理图；(b) 实验电路图。

负反馈支路中通过调节电位器 R_W，可以改变负反馈深度，以满足振荡的振幅条件和改善波形，同时还有很好的稳幅特性。利用两个反向并联二极管 VD_1、VD_2 的正向电阻的非线性特性来实现稳幅。VD_1、VD_2 采用硅管（温度稳定性好），且要求特性匹配，才能保证输出波形正、负半周对称。R_3 的接入削弱了二极管非线性的影响，得以改善波形失真。所以，使用 RC 桥式振荡电路输出电压稳定，波形失真小，频率调节方便。

由原理图 5-18(a) 可具体分析：放大器的电压放大倍数为 $\dot{A} = 1 + \dfrac{R_F}{R_1}$；RC 反馈网络的反馈系数为 $\dot{F} = \dfrac{Z_2}{Z_1 + Z_2} = \dfrac{1}{3 + j\left(\omega RC - \dfrac{1}{\omega RC}\right)}$，反馈网络具有选频作用，即

$$\dot{A}\dot{F} = \left(1 + \dfrac{R_F}{R_1}\right) \cdot \dfrac{1}{3 + j\left(\omega RC - \dfrac{1}{\omega RC}\right)}$$

为满足振荡的相位条件 $\varphi_A = \varphi_F = \pm 2n\pi$，上式的虚部必须为零，即 $\omega_0 = \dfrac{1}{RC}$。可见，该电路只有在这一特定的频率下才能形成正反馈。当改变选频网络的参数 C 或 R 时，即可调节振荡频率。一般采用改变电容 C 作频率量程切换，而调节 R 作量程内的频率细调。

同时,为满足振荡的幅值条件 $AF=1$,因当 $\omega=\omega_0$ 时 $F=\dfrac{1}{3}$,故还必须使 $A=1+\dfrac{R_F}{R_1}=3$。为了顺利起振,应使 $AF>1$,即 $A>3$,$R_F>2R_1$,式中 $R_F=R_W+R_2+(R_3 /\!/ r_0)$,$r_0$ 为二极管正向导通电阻。当振荡器的输出幅值增大时,调整反馈电阻 R_F(调节 R_W)使其阻值减小,负反馈作用增强,放大器的放大倍数 A 减小,从而限制了振幅的增长。直至 $AF=1$,振荡器的输出幅值趋于稳定。如不能起振,则说明负反馈太强,应适当加大 R_W。

对于非正弦信号如方波、三角波发生器,振荡条件比较简单,只要反馈信号能使比较电路状态发生变化,即能产生周期性的振荡。电路的主要组成如下。

① 具有开关特性的器件(如电压比较器、BJT 等)主要作用是可以产生高、低电平。

② 反馈网络。可将输出电压适当地反馈给开关器件使之改变输出状态。

③ 延时环节(如 RC 积分电路)。可以实现延时,以获得所需要的振荡频率。

(2) 方波发生器。图 5-19 所示为由滞回比较器及简单 RC 积分电路组成的方波—三角波发生器。它的特点是线路简单,但三角波的线性度较差。主要用于产生方波,或对三角波要求不高的场合。通过理论的分析可知:电路的振荡频率为

$$f_0=\dfrac{1}{2RC\ln(1+2R_2/R_1)}$$

其中

$$R_1=R_1'+R_W'',\quad R_2=R_2'+R_W'$$

方波的输出幅值为

$$U_{OM}=\pm U_Z$$

三角波的输出幅值为

$$U_{CM}=\dfrac{R_2}{R_1+R_2}u_Z$$

因此,调节电位器 R_W(即改变 R_2/R_1),可以改变振荡频率,但三角波的幅值也随之变化。如要互不影响,则可通过改变 R_f(或 C_f)来实现振荡频率的调节。

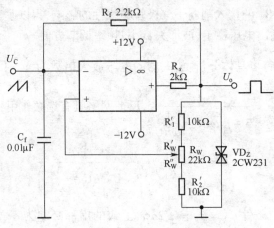

图 5-19 方波发生器

(3) 三角波发生器。图 5-20 所示为由滞回比较器和积分电路首尾相接形成的正反馈

闭环系统,则比较器 A_1 输出的方波经积分器 A_2 积分可得到三角波,三角波又反馈触发比较器 A_1 自动翻转形成方波,即可构成三角波、方波发生器。输出波形如图 5-21 所示。由于采用运放组成的积分电路,因此可实现恒流充电,使三角波线性大大改善。

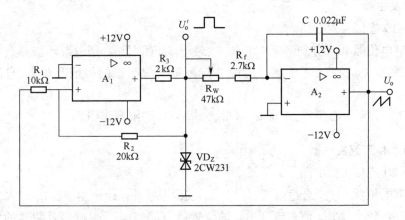

图 5-20 三角波发生器

通过理论的分析可知:电路的振荡频率为

$$f_0 = \frac{R_2}{4R_1(R_F + R_W)C}$$

方波的输出幅值为

$$U_{OM}' = \pm U_Z$$

三角波的输出幅值为

$$U_{CM} = \frac{R_1}{R_2} u_Z$$

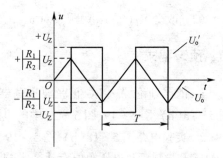

图 5-21 三角波发生器输出波形图

因此,调节 R_W 可以改变振荡频率,改变比值 R_1/R_2 可调节三角波的幅值。

四、实验内容

1. RC 桥式正弦波振荡器

按图 5-18(b)连接实验电路。

(1) 接通 ±12V 电源,当 $R=10\text{k}\Omega$ 时,连续调节电位器 R_W,使电路起振产生正弦波输出;继而调节电位器 R_W,使输出正弦波出现失真;之后调节电位器 R_W,使输出正弦波最大但不失真。通过示波器观察后分别描绘 3 个不同状态下 u_o 的波形;用示波器或频率计测出并记录振荡频率 f_o 和幅值;测量临界起振等不同时刻的 R_W、R_F 值,自制表格记录以上各数值。

(2) 测量输出电压 u_o、反馈电压 u_+ 和 u_-,分析研究振荡的幅值条件,分析负反馈强弱对起振条件及输出波形的影响。

(3) 在实验室选两个型号完全相同的电阻,并联在选频网络的两个电阻 R 上,观察记录振荡频率的变化情况,并与理论值进行比较。

(4) 断开二极管 VD_1、VD_2，重复步骤(1)，将两组测量结果进行比较，分析 VD_1、VD_2 的稳幅作用。

2. 方波发生器

按图 5-19 连接实验电路。

(1) 调节电位器 R_W，分别调至中心位置、最上端和最下端，用双踪示波器观察并描绘方波 u_o 及三角波 u_C 的波形（注意对应关系），测量对应状态的幅值及频率，自制表格记录之。

(2) 将 R_W 调至中心位置，观察 u_o 波形，分析 VD_Z 的限幅作用。

3. 三角波和方波发生器

按图 5-20 连接实验电路。

(1) 调节电位器 R_W 至合适位置，用双踪示波器观察并描绘三角波输出 u_o 及方波输出 u_o'，测量其幅值、频率及 R_W 值。改变 R_W 的位置后，观察对 u_o、u_o' 幅值及频率的影响并记录之。

(2) 改变 R_1（或 R_2），观察对 u_o、u_o' 幅值及频率的影响。

五、预习要求

1. 依据理论课中 RC 正弦波振荡器、方波及三角波发生器的工作原理，针对实验电路图 5-18(b)、图 5-19、图 5-20 中的电阻、电容参数估算振荡频率 f_o，各波形的幅值。

2. 实验电路图 5-18(b)、图 5-19、图 5-20 中，电路参数变化时对产生的正弦波、方波和三角波频率及电压幅值有什么影响？

3. RC 正弦波振荡器中，负反馈支路的作用是什么？调节电位器 R_W 对振荡的具体影响是什么？二极管 VD_1、VD_2 如何实现稳幅作用？

六、实验总结

1. 正弦波发生器

(1) 列表整理实验数据，画出波形，把实测频率与理论值进行比较。

(2) 根据实验分析 RC 振荡器的振幅条件。

(3) 讨论二极管 VD_1、VD_2 的稳幅作用。

2. 方波发生器

(1) 列表整理实验数据，在同一坐标纸上，按比例对应描绘出方波和三角波的波形图（标出时间和电压幅值）。

(2) 分析 R_W 变化时，对 u_o 波形的幅值及频率的影响。

(3) 讨论 VD_Z 的限幅作用。

(4) 思考并设计占空比可调的矩形波发生器。

3. 三角波和方波发生器

（1）整理实验数据，把实测频率与理论值进行比较。
（2）在同一坐标纸上，按比例画出三角波及方波的波形，并标明时间和电压幅值。
（3）分析电路参数变化（R_1、R_2 和 R_W）对输出波形频率及幅值的影响。
（4）思考并设计锯齿波发生器。

实验 4 直流稳压电源（一）

一、实验目的

1. 研究单相桥式整流、电容滤波电路的特性。
2. 了解串联型晶体管稳压电源主要技术指标的测试方法。

二、实验仪器设备

1. 模拟实验箱　　　　1 台
2. 双踪示波器　　　　1 台
3. 数字万用表　　　　1 台

三、实验原理

电子设备一般都需要直流电源供电。这些直流电除了少数直接利用干电池和直流发电机外，大多数是采用把交流电（市电）转变为直流电的直流稳压电源。

直流稳压电源由电源变压器、整流、滤波和稳压电路四部分组成，其原理框图如图 5-22 所示。电网供给的交流电压（220V，50Hz）经电源变压器降压后，得到符合电路需要的交流电压 U_2，然后由整流电路变换成方向不变、大小随时间变化的脉动的电压 U_3，再用滤波器滤去其交流分量，就可得到比较平直的直流电压 U_4。但这样的直流输出电压还会随交流电网电压的波动或负载的变动而变化。在对直流供电要求较高的场合，还需要使用稳压电路，以保证输出直流电压更加稳定。

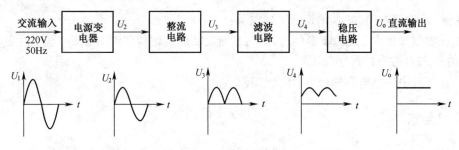

图 5-22　直流稳压电源框图

四、实验内容

（1）按表 5-10 中所列电路形式连接实验电路。取降压输出 14V 作为整流电路输入电压 U_2。取 $R_L = 240\Omega$，不加滤波电容，测量直流输出电压 U_L 及纹波电压 $\widetilde{U}_L$，并用示波器观察 U_2 和 U_L 波形，记入表 5-10 中。

（2）取 $R_L = 240\Omega$，$C = 47\mu F$，重复内容（1）的要求，记入表 5-10 中。

（3）取 $R_L = 240\Omega$，$C = 470\mu F$，重复内容（1）的要求，记入表 5-10 中。

（4）取 $R_L = 120\Omega$，$C = 470\mu F$，重复内容（1）的要求，记入表 5-10 中。

表 5-10 数据记录表

电路形式		U_L/V	$\widetilde{U}_L$/V	U_L 波形
$R_L = 240\Omega$	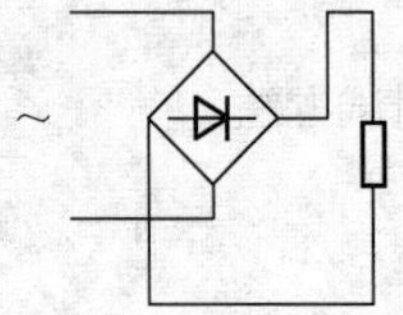			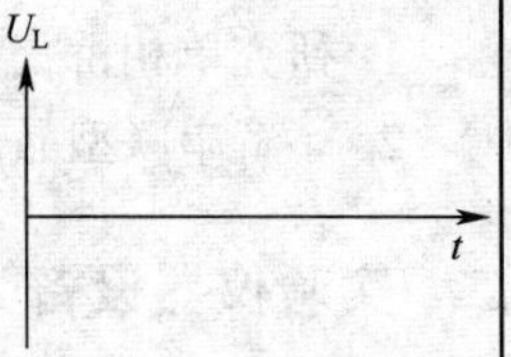
$R_L = 240\Omega$，$C = 47\mu F$	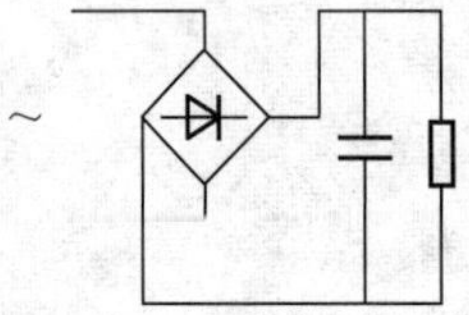			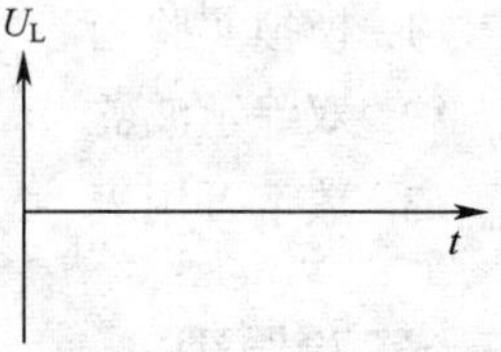
$R_L = 240\Omega$，$C = 470\mu F$	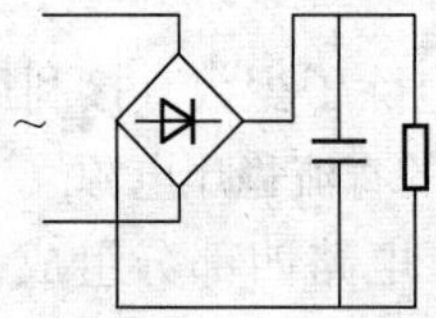			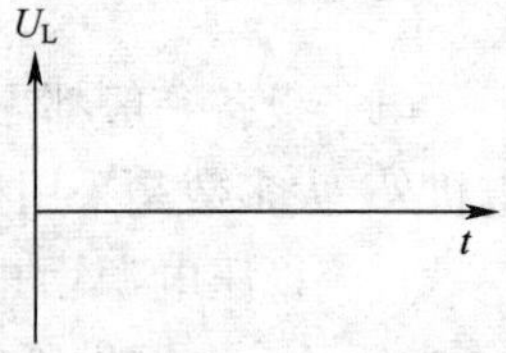
$R_L = 120\Omega$，$C = 470\mu F$	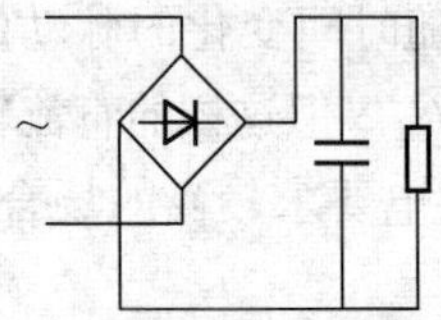			

注意：① 改接电路时，必须切断工频电源；

② 在观察输出电压 U_L 波形的过程中，Y 轴灵敏度旋钮位置调好以后，不要再变动，否则将无法比较各波形的脉动情况；

③ 在实验中注意电容的极性，不能接反。

五、预习要求

1. 复习教材中有关直流稳压电源部分知识，在桥式整流电路中输入电压和输出电压有什么数量的关系?

2. 电容的大小和直流输出大小有什么关系?

3. 负载的大小和直流输出的大小有什么关系?

4. 对负载电阻在容量上有什么要求?

六、实验总结

(1) 对表 5-10 所测的结果进行全面分析,总结桥式整流、电容滤波电路的特点。

(2) 分析讨论实验中出现的故障及排除方法。

实验5 直流稳压电源(二)

一、实验目的

1. 通过理解串联型晶体管稳压电源的工作原理,掌握集成稳压器的特点和性能指标的测试方法。

2. 了解集成稳压器扩展性能的方法及使用。

二、实验设备与器件

1. 模拟实验箱   1 台
2. 双踪示波器   1 台
3. 万用表   1 台
4. 桥堆、电阻、电容等   若干

桥堆 1QC-4B(或 KBP306)由 4 个二极管组成的桥式整流器成品,桥堆内部接线和外部管脚引线如图 5-23 所示。

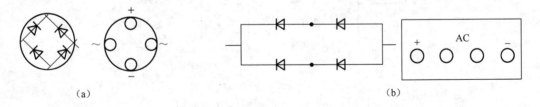

图 5-23 桥堆管脚图
(a)圆桥;(b)排桥。

三、实验原理

1. 稳压器

直流稳压电路的作用是将不稳定的直流电调整变换成稳定且可调的直流电压。按调整器件的工作状态可分为线性稳压电路和开关型稳压电路两大类。本书中着重学习前者,但随着自关断电力电子器件和电力集成电路的迅速发展,开关电源已得到越来越广泛的应用。典型的串联型稳压电路如图 5-24 所示,电路由取样环节、基准环节、比较放大部分、调整环节等组成。电路的采样电压大小为

$$U_F = \frac{R_2 + R_P''}{R_1 + R_2 + R_P} U_o$$

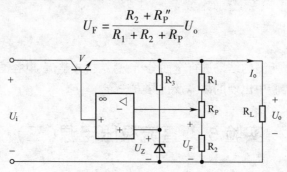

图 5-24 串联型稳压电路

电路的输出电压为

$$U_o = \frac{R_1 + R_P + R_2}{R_2 + R_P''} U_{REF} （其中基准电压 U_{REF} = U_Z）$$

$$U_{omin} = \frac{R_1 + R_P + R_2}{R_2 + R_P} U_{REF}$$

$$U_{omax} = \frac{R_1 + R_P + R_2}{R_2} U_{REF}$$

由于集成稳压器具有体积小、外接线路简单、使用方便、工作可靠和通用性强等优点,因此,在各种电子设备中应用十分普遍,基本上取代了由分立元件构成的稳压电路。集成稳压器的种类很多,应根据设备对直流电流的要求进行选择,通常串联型三端集成稳压器的应用最为广泛。该稳压器仅有输入端、输出端和公共端 3 个接线端子,其外形和管脚排列图如图 5-25 所示,在具体接电路时注意其管脚顺序。

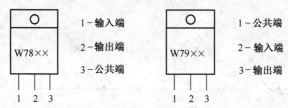

图 5-25 三端稳压器外形及管脚图

输出电压固定的三端集成稳压器有 W78×× 和 W79×× 系列。×× 表示输出电压的标称值,其中:

78×× 系列:输出正极性电压,如 W7805 输出 +5V、W7812 输出 +12V、W7815 输出 +15V。

79×× 系列:输出极性负电压,如 W7905 输出 -5V、W7912 输出 -12V、W7915 输出 -15V。

输出电压种类有 5V、6V、8V、9V、10V、12V、15V、18V 和 24V 等多种,在加装散热器的情况下,输出电流可达 1.5A～2.2A。通常,78L 系列稳压器的输出电流为 0.1A,78M 系列稳压器的输出电流为 0.5A。最高输入电压为 35V,最小输入输出电压差为 2V～3V,输出电压变化率 0.1%～0.2%。图 5-26 为 W78×× 系列和 W79×× 系列稳压器的基本接线图。

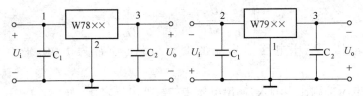

图 5-26　W78×× 系列和 W79×× 系列接线图

除固定输出三端稳压器外,还有可调式三端稳压器 W317,它可通过外接元件对输出电压进行调整,以适应不同的需要。图 5-27 为可调输出三端稳压器 W317 的外形及基本接线图。

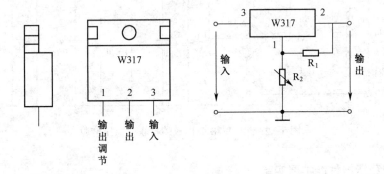

图 5-27　W317 外形及接线图

输出电压计算公式: $U_o \approx 1.25(1+R_2/R_1)$;最大输入电压: $U_{im}=40V$;输出电压范围: $U_o=1.2V\sim37V$。

2. 集成稳压器的性能指标

(1) 稳压系数。当负载固定时,输出电压的相对变化量与输入电压的相对变化量之比。反映电网电压波动时对稳压电路的影响,即

$$S_r = \frac{\Delta U_O/U_O}{\Delta U_I/U_I}\Big|_{\Delta I_O=0,\Delta T=0}$$

(2) 电压调整率为

$$S_U = \left\{\frac{1}{U_O}\frac{\Delta U_O}{\Delta U_I}\Big|_{\Delta I_O=0,\Delta T=0}\right\}\times 100\%$$

(3) 输出电阻。用来反映稳压电路受负载变化的影响。定义为当输入电压固定时,由于负载的变化引起的输出电压变化量与输出电流变化量之比。它反映了直流电源带负载的能力,即

$$R_O = \frac{\Delta U_O}{\Delta I_O}\Big|_{\Delta U_I=0,\Delta T=0}$$

(4) 电流调整率为

$$S_{\mathrm{I}} = \left\{ \frac{\Delta U_{\mathrm{O}}}{U_{\mathrm{O}}} \bigg|_{\Delta U_{\mathrm{I}}=0, \Delta T=0} \right\} \times 100\%$$

(5) 输出电压的温度系数为

$$S_{\mathrm{T}} = \left\{ \frac{1}{U_{\mathrm{O}}} \frac{\Delta U_{\mathrm{O}}}{\Delta T} \bigg|_{\Delta I_{\mathrm{O}}=0, \Delta U_{\mathrm{I}}=0} \right\} \times 100\%$$

(6) 纹波电压。稳压电路输出端的交流分量(通常为 100Hz)的有效值或幅值(图 5-28)。

(7) 纹波电压抑制比。输入、输出电压中的纹波电压之比,即

$$S_{\mathrm{rip}} = 20\lg \frac{U_{\mathrm{i}}(\text{峰峰值})}{U_{\mathrm{o}}(\text{峰峰值})}$$

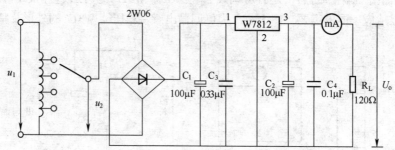

图 5-28 由 W7812 构成的串联型稳压电源

3. 集成稳压器性能扩展实验

(1) 能同时输出正、负电压的电路。当需要 $U_{\mathrm{o1}} = +15\mathrm{V}, U_{\mathrm{o2}} = -15\mathrm{V}$,则可选用 W7815 和 W7915 三端稳压器,这时的 U_{i} 应为单电压输出时的 2 倍。图 5-29 为正、负双电压输出电路。

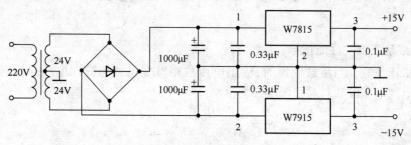

图 5-29 正、负双电压输出电路

(2) 输出电压扩展电路。当集成稳压器本身的输出电压或输出电流不能满足要求时,可通过外接电路来进行性能扩展。图 5-30 是一种简单的输出电压扩展电路。如 W7812 稳压器的 3、2 端间输出电压为 12V,只要适当选择 R 的值,使稳压管 $\mathrm{VD_W}$ 工作在稳压区,则输出电压 $U_{\mathrm{o}} = 12 + U_{\mathrm{Z}}$,可

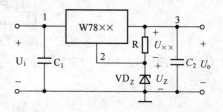

图 5-30 输出电压扩展电

以高于稳压器本身的输出电压。

(3) 输出电流扩大电路。图 5-31 是通过外接晶体管 VT 及电阻 R 来进行电流扩展的电路。电阻 R 的作用是使功率管在输出电流较大时才能导通。图中 I_3 为稳压器公共端电流,其值很小,可以忽略不计,所以 $I_1 \approx I_2$,则可得

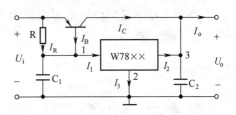

图 5-31 输出电流扩展电路

$$I_o = I_2 + I_C = I_2 + \beta I_B = I_2 + \beta(I_1 - I_R) \approx (1+\beta)I_2 + \beta \frac{U_{BE}}{R}$$

式中:β 为三极管的电流放大系数。设 $\beta=10, U_{BE}=-0.3V, R=0.5\Omega, I_2=1A$,则可计算出 $I_o=5A$,可见,I_o 比 I_2 扩大了。

四、实验内容

1. 集成稳压器性能测试

按图 5-28 连接实验电路,取负载电阻 $R_L=120\Omega$。接通工频 14V 电源,测量 U_2 值,测量滤波电路输出电压 U_i(稳压器输入电压),以及集成稳压器输出电压 U_o,它们的数值应与理论值大致符合,否则,说明电路出了故障。如有故障应设法查找故障并加以排除,之后才能进行各项指标的测试。

(1) 测试输出电压 U_o 和最大输出电流 I_{omax}。在输出端接负载电阻 $R_L=120\Omega$,由于 7812 输出电压 $U_o=12V$,因此,流过 R_L 的电流 $I_{omax}=12/120=100mA$。这时,U_o 应基本保持不变,若变化较大则说明集成块性能不良。

(2) 稳压系数 S_r 的测量。

① 保持负载电阻不变。

② 改变 u_2 的值(输出从 14V 改为 17V)时测出对应的 U_i、U_o 值,即可求出 S_r。

(3) 输出电阻 R_o 的测量。输出电压 u_2 接 14V,改变 R_L 的值(从 120Ω 改成 240Ω),测出对应的 U_o 和 I_o 值,求出 ΔU_o 和 ΔI_o,即可得到 R_o 的值。

(4) 输出纹波电压的测量。用万用表的交流挡可测出纹波电压或用示波器进行测量。

根据前面各性能指标的定义,自拟方法测试各电量,把测量结果记入自拟表格中,计算出以上各指标。

2. 集成稳压器性能扩展实验

根据实验器材,选取图 5-29、图 5-30 及图 5-31 中各元件,并自拟测试方法与表格,记录实验结果。

五、预习要求

1. 复习教材中有关集成稳压器部分内容。
2. 依据实验内容的要求,自拟测试方法及列出所要求的各种表格。

3. 在测量稳压系数 S_r 和内阻 R_0 时,应怎样选择测试仪表?

4. 稳压电路实验中滤波电容的使用很多,注意各电路中电容值的选取及作用,并注意极性电容不能接错。

六、实验总结

1. 整理实验数据,计算 S_r 和 R_0,并与手册上的典型值进行比较。
2. 分析讨论实验中发生的现象和问题。

第6章

模拟电路综合实验

模拟电路综合实验是针对"电工电子学"课程内容,通过完成一个或几个设计课题来达到对学生进行综合性训练的目的。在完成综合实验的过程中应达到如下两个要求。

1. 利用课程的基本理论知识设计实用电路,并进行组装和调试,提高综合应用能力和实验研究能力。

2. 进一步掌握常用电子仪器的使用方法和电子电路的测试技术。

综合实验1 直流稳压电源类

一、实验目的

通过集成直流稳压电源的设计、安装和调试,要求学会:
1. 选择变压器、整流二极管、滤波电容及集成稳压器来设计直流电源。
2. 掌握直流稳压电路的调试及主要技术指标的测试方法。

二、实验设备

1. 模拟实验箱　　　　1 台
2. 双踪示波器　　　　1 台
3. 数字万用表　　　　1 台
4. 计算机　　　　　　1 台

三、实验内容

根据所学电源知识设计并制作一个直流稳压电源。

四、实验要求

1. 集成稳压电源的主要技术指标

(1) 同时输出 ±15V 电压。
(2) 输出电流最大值 I_{max} = 100mA;输出电阻 $R_o \leq 0.1\Omega$。

(3) 输出纹波电压峰峰值≤5mV。
(4) 加输出保护电路。

2. 电路要求

(1) 电源变压器只做理论分析。
(2) 合理选择集成稳压器。
(3) 保护电路采用限流型。
(4) 撰写报告、调试总结及做出的实物。

3. 参考系统框图

参考系统框图如图6-1所示。

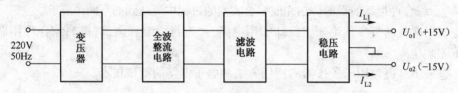

图6-1 ±15V直流稳压电源原理框图

其中可采用图6-2所示的变压器以及图6-3所示的三端稳压器组成的稳压电路。

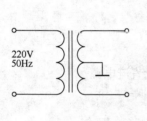

图6-2 变压器　　　　图6-3 三端稳压器组成的双路输出稳压电路

五、实验步骤

1. 分析实验题目,确定系统总体方案。
2. 细化系统总体方案,确定实现每一模块拟采用的电路方案。

(1) 稳压电路输入电压的确定。

为保证稳压器在电网电压低的时候处于稳定状态,要求

$$U_i = U_{omax} + (U_i - U_o)_{min}$$

式中:$(U_i - U_o)_{min}$是稳压器的最小输入输出压差,典型值为3V。一般交流电压220V变化±10%时,稳压器输出电压应稳定。故最低输入电压为

$$U_{imin} = \frac{U_{omax} + (U_i - U_o)_{min}}{0.9}$$

对于稳压器的安全考虑,要求

$$U_i \leq U_{omin} + (U_i - U_o)_{max}$$

式中:$(U_i - U_o)_{max}$是稳压器的最大输入输出压差,典型值为35V。

(2) 电源变压器的选择。确定整流滤波电路形式后,由稳压器要求的最低输入 U_{imin} 计算出变压器的副边电压和副边电流。

3. 根据现有的三端稳压器确定电路,并查阅相关三端稳压器的使用方法。
4. 采用 Multisim 对每一部分的电路方案进行仿真。
5. 利用实验室现有设备,搭建电路实现实验要求,测试分析结果。
6. 对实验过程中的问题、结果、收获进行总结。

六、器件清单

器件名称	说明	器件名称	说明
W7812	直流三端稳压器	电容	
W1812	直流三端稳压器	电阻	
IN4007	整流二极管	变压器	

综合实验2 变调音频放大器

一、实验目的

通过实际电路的搭建,进一步巩固所学理论知识,并通过掌握实际元件的用法将理论与实际相结合。提高对模拟电路的仿真、设计、调试能力,进一步提高对理论课程的学习兴趣。

二、实验设备

1. 模拟电子技术实验箱　　　1台
2. 数字万用表　　　　　　　1台
3. 双踪示波器　　　　　　　1台
4. 信号发生器　　　　　　　1台
5. 计算机　　　　　　　　　1台

三、实验内容

综合运用所学基本放大电路、集成运算放大器、有源滤波器、功率放大电路等知识,结合实际集成运算放大器芯片、集成功率放大芯片,设计一个可以改变输入音频音调的音频放大电路,参考系统框图如图6-4所示。

四、实验要求

本实验要求实现从语音输入、放大、变调到功率放大并通过喇叭进行输出的具有完整功能的电路设计和实现。话筒采用驻极体话筒,喇叭采用8Ω纸杯喇叭,其他电路根据具体

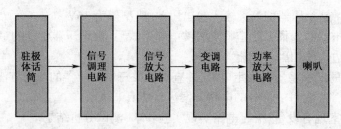

图 6-4 参考系统图

设计确定。要求电路简洁,输出音量较大,噪声小,变调明显且可调。另外,电源可采用实验箱提供的直流电源,无需另行设计。

五、实验步骤

1. 分析实验题目,确定系统总体方案。
2. 细化系统总体方案,确定实现每一模块拟采用的电路方案。
3. 根据现有芯片类型确定电路采用的芯片,并查阅相关芯片的使用方法。
4. 采用 Multisim 对每一部分的电路方案进行仿真。
5. 利用实验室现有设备,搭建电路实现实验要求,测试分析结果。
6. 对实验过程中的问题、结果、收获进行总结。

六、实验元器件清单

器件名称	说 明	器件名称	说 明
LM386	集成功率放大器	9015	三极管
TDA2030	集成功率放大器	9013	三极管
uA741	集成运算放大器	常用电阻	
JRC4558D	集成音频放大器	常用电容	
8Ω 喇叭	0.5W	常用电位器	
驻极体话筒			

七、设计提示

1. 查阅驻极体话筒的原理、典型电路,仿真时可用电压信号源代替。
2. 信号放大部分可采用集成运算放大器构成各种比例放大电路。
3. 变调部分可采用集成运算放大器构成频率、相位处理电路。
4. 功率放大部分可选用 LM386 或 TDA2030 进行设计。

综合实验 3 集成运算放大器的应用

一、实验目的

1. 掌握集成运算放大器的工作原理及其应用。

2. 掌握低频小信号放大电路的设计方法。
3. 进一步提高对模拟电路的仿真、设计、调试能力。

二、实验设备及器件

1. 模拟实验箱　　　　　1 台
2. 双踪示波器　　　　　1 台
3. 数字万用表　　　　　1 台
4. LM324　　　　　　　1 片
5. 信号发生器　　　　　1 台
6. 常用电阻电容等　　　若干

三、实验内容

运用所学运算放大电路的知识,设计并制作出下面要求的电路,并进行测试。

四、实验要求

用一片通用四运放芯片 LM324 组成的电路框图如图 6-5(a)所示,实现下述功能:

(1) 使用低频信号源产生 $u_{i1} = 0.1\sin 2\pi f_0 t(V)$, $f_0 = 500Hz$ 的正弦波信号,加至加法器的输入端,加法器的另一输入端加入由自制振荡器产生的信号 u_{o1}, u_{o1} 如图 6-5(b)所示, $T_1 = 0.5ms$,允许 T_1 有 ±5% 的误差。

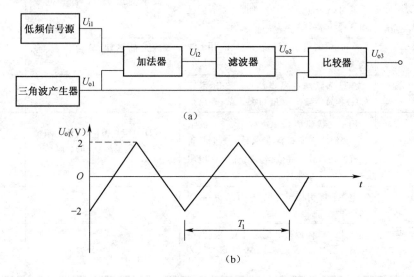

图 6-5　自制振荡器输出信号波形图

(2) 图中要求加法器的输出电压 $u_{i2} = 10u_{i1} + u_{o1}$。$u_{i2}$ 经选频滤波器滤除 u_{o1} 频率分量,选出 f_0 信号为 u_{o2}, u_{o2} 为峰峰值等于 9V 的正弦信号,用示波器观察无明显失真。u_{o2} 信号再经过比较器后在 1kΩ 负载上得到峰峰值为 2V 的输出电压 u_{o3}。

(3)电源选用+12V和+5V两种单电源,由模拟实验箱的稳压电源供给,不得使用其他型号运算放大器。要求预留u_{i1}、u_{i2}、u_{o1}、u_{o2}和u_{o3}的测试端子。

五、实验步骤

1. 分析实验题目,确定系统总体方案。
2. 细化系统总体方案,确定实现每一模块拟采用的电路方案。
3. 根据现有芯片类型确定电路采用的芯片,并查阅相关芯片的使用方法。
4. 采用 Multisim 对每一部分的电路方案进行仿真。
5. 利用实验室现有设备,搭建电路实现实验要求,测试分析结果。
6. 对实验过程中的问题、结果、收获进行总结。

六、实验的结果测试

将实验结果填入表6-1。

表6-1 实验结果记录表

测试项目	测试要求	测试记录	备注
加法器	用示波器观察u_{o1}波形,记录波形和数据	波形的形状、峰峰值 V、频率 Hz	
	用示波器观察u_{i2}波形,并记录波形和数据	波形的形状、峰峰值 V、频率 Hz	
滤波器	用示波器观察U_{o2}的波形(当U_{o2}的峰峰值为9V的正弦信号),判断是否有明显失真,并记录波形和数据	波形的形状、峰峰值 V、频率 Hz	
	令$u_{o1}=0$,将u_{i1}频率改为5kHz,用示波器观察u_{o2}	波形的形状、峰峰值 V、频率 Hz	
	测量选频滤波器电路的-3dB带宽(Hz)和简单幅频特性(可测3点~5点)		
比较器	用示波器观察1kΩ负载上u_{o3}的波形(u_{o3}为峰峰值等于2V的信号),判断是否正确并记录波形和数据。检查1kΩ电阻是否正确并记录	1kΩ电阻是否正确,检查阻值k、波形(记录形状、最大峰峰值 V、频率 Hz)	
其他的检查并记录	电源只能用稳压电源中+12V和+5V两种单电源		
	使用LM324以外其他芯片、三极管、稳压管、元件的情况记录。LM324芯片损坏情况记录		

七、设计提示

1. 查阅 LM324 的管脚图。
2. 三角波信号、滤波器、加法器和比较器都用一片 LM324 芯片。

第7章

数字电路实验

实验1　Multisim 数字逻辑转换实验

一、实验目的

1. 通过实验学习使用逻辑转换仪化简逻辑函数的方法。
2. 通过实验学习使用逻辑转换仪分析逻辑图的方法。

二、实验设备

计算机　　　　　　　　　1台

三、实验原理

Multisim 是美国国家仪器(NI)有限公司推出的以 Windows 为基础的仿真工具,适用于板级的模拟/数字电路板的设计工作。它包含了电路原理图的图形输入、电路硬件描述语言输入方式,具有丰富的仿真分析能力。非常适合数字电路的仿真分析,并且提供了功能丰富的虚拟仪器和元件。其提供的虚拟数字逻辑转换仪可对8个逻辑变量的任意逻辑关系进行分析、化简、转换,非常适合简单数字电路的分析与设计,逻辑转换仪如图7-1所示。

数字逻辑转换仪可通过表达式输入框接受文本输入的逻辑关系表达式,式中逻辑变量名称限定为 A、B、C、D、E、F、G、H 共8个,其中 A 为最高位,H 为最低位。逻辑转换仪的输出为 Out,逻辑关系中逻辑非用" ' "来表示。逻辑转换仪提供6种转换功能,如图7-1右侧所示,从上到下依次是:逻辑图转换成真值表功能;真值表转换成逻辑表达式功能;真值表转换成最简逻辑表达式功能;逻辑表达式转换成真值表功能;逻辑表达式转换成逻辑图功能;逻辑表达式转换成仅由与非门构成的逻辑图功能。本实验将使用这些功能实现基本逻辑电路的分析与设计。

四、实验内容

1. 逻辑函数的化简

在表达式输入框中输入需化简的逻辑函数,并单击逻辑表达式转换成真值表功能按

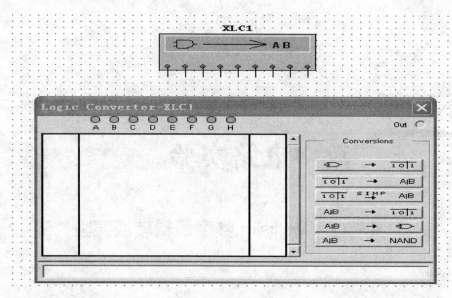

图 7-1 逻辑转换仪

钮,将转化结果记录在表 7-1 中。逻辑函数为

$$R = A\overline{B}C\overline{D} + \overline{A}E + BE + C\overline{D}E$$

表 7-1 逻辑函数转换结果记录表

A	B	C	D	E	R	A	B	C	D	E	R

使用真值表转换成化简后逻辑表达式功能,并记录化简结果。

化简后 $R =$

使用表达式转换成逻辑图功能,生成化简后 R 的逻辑图,并记录。

使用表达式转换为仅由与非门构成的逻辑图功能,生成化简后 R 的逻辑图,并记录。

2. 逻辑图的分析

实验逻辑如图 7-2 所示,在 Multisim 数字器件库中,找到 74LS138D 和 74LS10D,按图连接。使用逻辑图转换成真值表功能,将图 7-2 中的逻辑图转换成真值表,记录在表 7-2 中。

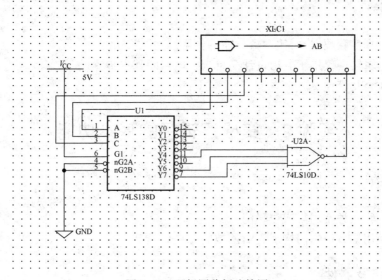

图 7-2 逻辑图分析连接图

表 7-2 逻辑图转换结果记录表

A	B	C	R	A	B	C	R

使用真值表转换成简化的逻辑表达式功能,得到图 7-2 中逻辑图的最简逻辑表达式,并记录。

$R = $

使用逻辑表达式转换成仅使用与非门的逻辑图功能,得到图 7-2 中逻辑图的与非门形式,并记录。

五、预习、思考与注意事项

1. 熟悉 Multisim 的基本使用方法。
2. 注意逻辑变量在逻辑转换仪中的顺序。
3. 如果改变图 7-2 中逻辑转换仪 ABC 的顺序,对结果有什么影响?

六、实验报告

1. 根据仿真实验数据,对比逻辑化简的作用。
2. 总结逻辑转换仪用于分析设计简单数字电路的基本步骤。
3. 心得体会及其他。

实验2　集成逻辑门的基本功能

一、实验目的

1. 通过实验熟悉常用集成逻辑门。
2. 掌握使用集成逻辑门构成逻辑函数的方法。

二、实验设备及器件

1. 数字电路实验箱　　　　1台
2. 万用表　　　　　　　　1台
3. 74LS02　　　　　　　　1块
4. 74LS04　　　　　　　　1块
5. 74LS20　　　　　　　　1块
6. 74LS86　　　　　　　　1块

三、实验原理

1. 74LS02 为 TTL 2 输入四或非门,用来实现 2 逻辑变量的或非逻辑关系,即 $Y = \overline{A + B}$。其芯片引脚排列如图 7-3 所示。

2.74LS04 为 TTL 六非门,用来实现逻辑变量的非逻辑关系,即 $Y=\overline{A}$。其芯片引脚排列如图 7-4 所示。

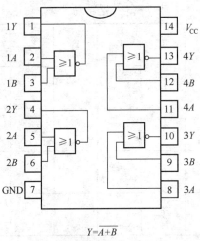

图 7-3 74LS02 四二输入或非门

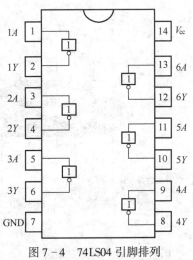

图 7-4 74LS04 引脚排列

3.74LS20 为 TTL 4 输入二与非门,用来实现 4 个逻辑变量的与非关系,即 $Y=\overline{ABCD}$。其引脚排列如图 7-5 所示。

4.74LS86 为 TTL 2 输入四异或门,用来实现 2 个输入逻辑变量的异或逻辑关系,即 $Y=A\overline{B}+\overline{A}B$。其芯片引脚排列如图 7-6 所示。

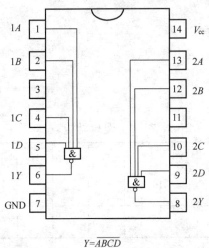

图 7-5 74LS20 二四输入与非门

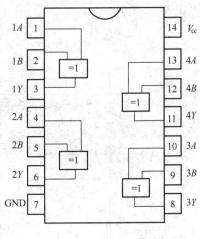

图 7-6 74LS86 四二输入异或门

四、实验内容

1. 通过实验验证各集成逻辑门的逻辑功能

(1) 在合适的位置选取一个 14P 插座,按定位标记插好 74LS02 集成逻辑门。按图 7-7 接线,门的两个输入端接逻辑开关输出插口以提供"0"、"1"电平信号,开关向上,输出逻辑"1",向下输出逻辑"0"。门的输出接在由发光二极管组成的逻辑电平指示器,LED 亮表示逻辑"1",不亮为逻辑"0"。按表7-3给出的真值表逐个测试芯片中4个或非门的逻辑功能并将结果填在表7-3中。

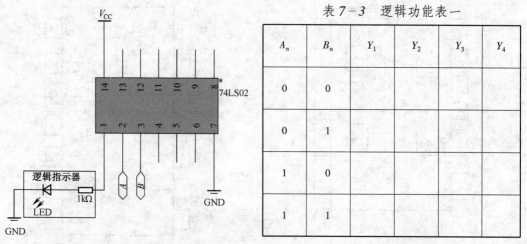

表7-3 逻辑功能表一

A_n	B_n	Y_1	Y_2	Y_3	Y_4
0	0				
0	1				
1	0				
1	1				

(2) 在合适的位置选取一个14P插座,按定位标记插好74LS04集成逻辑门。按图7-8接线,门的输入端接逻辑开关输出插口以提供"0"、"1"电平信号,开关向上输出逻辑"1",向下输出逻辑"0"。门的输出接由发光二极管组成的逻辑电平指示器,LED亮表示逻辑"1",不亮为逻辑"0"。按表7-4给出的真值表逐个测试芯片中6个非门的逻辑功能并将结果填在表7-4中。

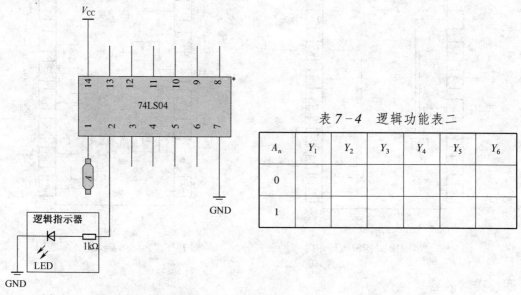

表7-4 逻辑功能表二

A_n	Y_1	Y_2	Y_3	Y_4	Y_5	Y_6
0						
1						

图7-8 逻辑功能测试电路图

(3) 在合适的位置选取一个14P插座,按定位标记插好74LS20集成逻辑门。按图7-9接线,门的4个输入端接逻辑开关输出插口以提供"0"、"1"电平信号,开关向上输出逻辑"1",向下输出逻辑"0"。门的输出接由发光二极管组成的逻辑电平指示器,LED亮表示逻辑"1",不亮为逻辑"0"。按表7-5给出的真值表逐个测试芯片中两个与非门的逻辑功能并将结果填在表 7-5 中。

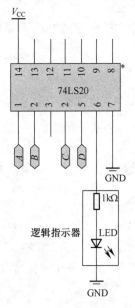

图 7-9 逻辑功能测试电路图

表 7-5 逻辑功能表三

A_n	B_n	C_n	D_n	Y_1	Y_2
1	1	1	1		
0	1	1	1		
1	0	1	1		
1	1	0	1		
1	1	1	0		

（4）在合适的位置选取一个 14P 插座，按定位标记插好 74LS86 集成逻辑门。按图 7-10 接线，门的两个输入端接逻辑开关输出插口以提供"0"、"1"电平信号，开关向上输出逻辑"1"，向下输出逻辑"0"。门的输出接在由发光二极管组成的逻辑电平指示器，LED 亮表示逻辑"1"，不亮为逻辑"0"。按表 7-6 给出的真值表逐个测试芯片中 4 个异或门的逻辑功能并将结果填在表 7-6 中。

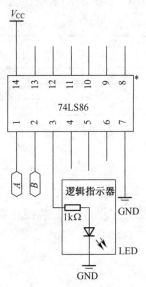

图 7-10 逻辑功能测试电路图

表 7-6 逻辑功能表四

A_n	B_n	Y_1	Y_2	Y_3	Y_4
0	0				
0	1				
1	0				
1	1				

2. 使用集成门电路构成简单的数字电路

(1) 实验电路逻辑图如图 7－11 所示，选择合适的位置按标记插好所需集成门电路。画出实际连线电路图。

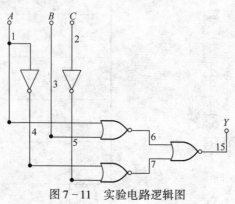

图 7－11　实验电路逻辑图

(2) 将电路的输入接逻辑开关输出插口以提供"0"、"1"电平信号，开关向上输出逻辑"1"，向下输出逻辑"0"。门的输出接由发光二极管组成的逻辑电平指示器，LED 亮表示逻辑"1"，不亮为逻辑"0"按表 7－7 给出的真值表测试电路的逻辑功能并将结果填在表 7－7 中。

表 7－7　逻辑功能表五

A	B	C	Y	A	B	C	Y
0	0	0		1	0	0	
0	0	1		1	0	1	
0	1	0		1	1	0	
0	1	1		1	1	1	

五、预习、思考与注意事项

1. 熟悉教材中门电路的基本内容。
2. 注意各芯片的标志位，不要将电源引脚和地引脚接反，否则会使芯片损坏。
3. 思考实验图 7－11 中的逻辑图，如何使用 74LS02、74LS04、74LS20？

六、实验报告

1. 根据所测实验数据，了解常用集成芯片的使用方法和数字电路实验箱的基本结构。
2. 图 7－11 的逻辑关系可否化简，能否用 74LS20 实现？

3. 心得体会及其他。

实验3　7段LED显示器及显示译码实验

一、实验目的

1. 熟悉7段LED显示器及译码器的用法。
2. 掌握在7段LED显示器上显示数字、字母、符号的方法。

二、实验设备及器件

1. 数字电路实验箱　　　　　1台
2. 万用表　　　　　　　　　1台
3. 74LS48　　　　　　　　　1块
4. 共阴极7段LED显示器　　 1块

三、实验原理

1. 7段LED显示器是最为常用的显示器件,用于显示数字、字母、符号等一些简单的信息。以其简单的结构、可靠的性能、低劣的价格在低端显示场合占据着无可替代的地位。7段LED显示器实质上是由7个发光二极管组成,在其不透光塑料外壳正面按图7-12(a)所示,开7个透光的窗口,并将7个发光二极管分别置于透光窗口下。当发光二极管发光时,对应的窗口透射出光线,以组成不同的符号。7段LED显示器分为共阴极和共阳极两种,如图7-12(b)、(c)所示,本实验使用共阴极7段LED显示器。

2. 74LS48为TTL BCD码显示译码器,用来在共阴极7段LED显示器上显示0~9共10个数字符号,其引脚排列如图7-13所示。其中,ABCD为BCD码输入引脚,D为高位,$\overline{Y_0}$~

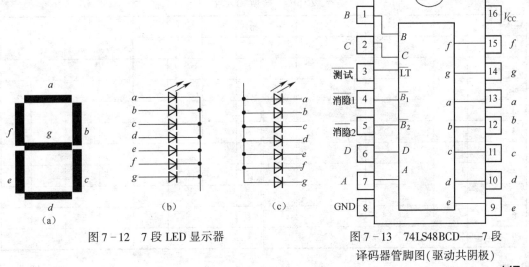

图7-12　7段LED显示器

图7-13　74LS48BCD——7段译码器管脚图(驱动共阴极)

$\overline{Y_6}$为译码器输出,分别对应图7-12(a)中的$a \sim g$共7个发光二极管。$\overline{RBI}$、$\overline{LT}$、$\overline{BI/RBO}$用于实现灯测试、全灭、寄存等功能。

四、实验内容

1. 通过实验验证7段LED显示器各段的位置

(1) 在数字电路实验箱上选取一个共阴极7段LED显示器,将公共端接地,$a \sim g$端分别接逻辑开关输出插口以提供"0"、"1"电平信号,开关向上输出逻辑"1",向下输出逻辑"0",如图7-14所示。按表7-8给出的真值表逐个改变逻辑输入开关的输出并将显示结果画在表7-8中。

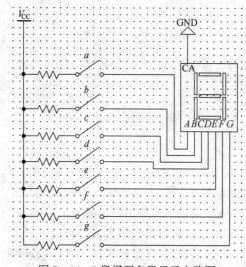

图7-14 7段译码各段显示电路图

表7-8 译码显示结果

a	b	c	d	e	f	g	显示内容
1	1	1	1	1	1	1	
1	0	0	0	0	0	0	
0	1	0	0	0	0	0	
0	0	1	0	0	0	0	
0	0	0	1	0	0	0	
0	0	0	0	1	0	0	
0	0	0	0	0	1	0	
0	0	0	0	0	0	1	

(2) 在图7-14的基础上,通过改变逻辑开关的位置,在7段LED显示器上分别显示0~9共10个数字,显示A~J共10个字符,并将逻辑开关的输出记录在表7-9中。

表7-9 数据记录表一

输入	a	b	c	d	e	f	g	输入	a	b	c	d	e	f	g
0								a							
1								b							
2								c							
3								d							
4								e							
5								f							
6								g							
7								h							
8								i							
9								j							

2. 通过实验学习集成 BCD 码显示译码器 74LS48 的使用

(1) 实验电路逻辑图如图 7-15 所示,选择合适的位置按标记插好 74LS48,按图 7-15 连接电路。改变 74LS48 ABCD 引脚的逻辑输入,观察显示结果,并记录在表 7-10 中。

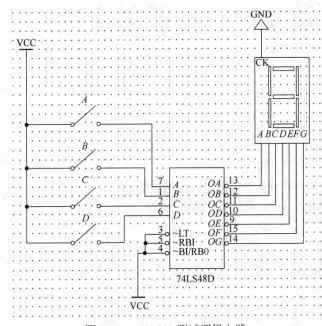

图 7-15 74LS48 测试逻辑电路

表 7-10 数据记录表二

A	B	C	D	显示内容
1	0	0	0	
0	1	0	0	
1	1	0	0	
0	0	1	0	
1	0	1	0	
0	1	1	0	
1	1	1	0	
0	0	0	1	
1	0	0	1	
0	1	0	1	
1	1	0	1	
0	0	1	1	

(2) 实验电路逻辑图如图 7-16 所示,选择合适的位置按标记插好 74LS48,按图 7-16 连接电路。其中引脚 AB 接逻辑 1,引脚 CD 接逻辑 0,按照表 7-11 的条件改变 74LS48 的 $\overline{RBI}$、$\overline{LT}$、$\overline{BI/RBO}$ 引脚的逻辑输入,观察显示结果,并记录在表 7-11 中。

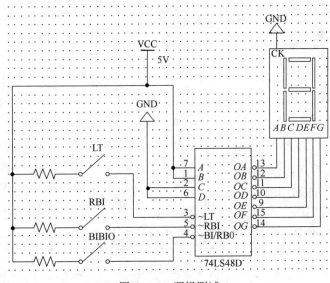

图 7-16 逻辑测试

表 7-11 数据记录表三

LT	RBI	BI/BIO	显示结果
0	0	0	
0	0	1	
0	1	0	
0	1	1	
1	0	0	
1	0	1	
1	1	0	
1	1	1	

五、预习、思考与注意事项

1. 熟悉教材中 7 段 LED 显示器以及 74LS48 的基本内容。
2. 注意各芯片的标志位,不要将电源引脚和地引脚接反,否则会使芯片损坏。
3. 思考如何使用门电路构成显示译码器以显示表 7-10 中的所有符号。

六、实验报告

1. 根据所测实验数据,了解显示常用符号的基本方法。
2. 74LS48 中 $\overline{RBI}$、$\overline{LT}$、$\overline{BI/RBO}$ 3 个引脚在实际工程中有何意义?
3. 心得体会及其他。

实验 4 常用中规模组合逻辑器件

一、实验目的

1. 熟悉各种常用中规模组合逻辑器件。
2. 掌握各种器件的使用方法和扩展方法。

二、实验设备及器件

1. 数字电路实验箱   1 台
2. 万用表   1 台
3. 74LS148(CD4532) 2 块
4. 74LS138   2 块
5. 74LS151   2 块
6. 74LS08   1 块
7. 74LS04   1 块
8. 74LS32   1 块

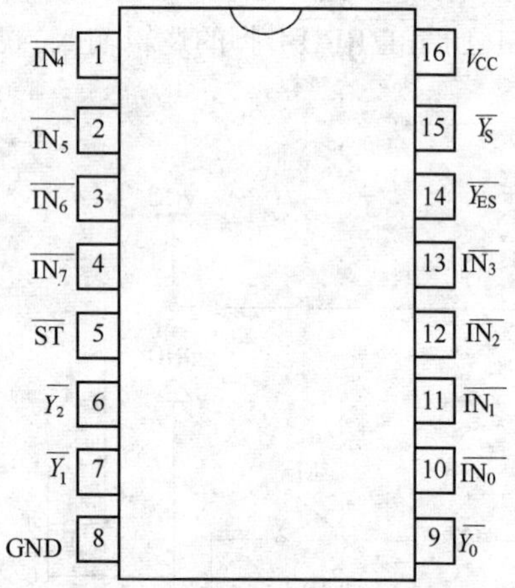

图 7-17 74LS148 优先编码器管脚图

三、实验原理

1. 74LS148 为 8-3 线优先编码器,用以实现对 8 个输入进行有优先级的编码,其引脚排列如图 7-17 所示。74LS148 功能表如表 7-12 所列。

表 7-12 74LS148 8-3 线 8 位优先编码器功能表

	输入									输出			
$\overline{ST}$	$\overline{IN_0}$	$\overline{IN_1}$	$\overline{IN_2}$	$\overline{IN_3}$	$\overline{IN_4}$	$\overline{IN_5}$	$\overline{IN_6}$	$\overline{IN_7}$	$\overline{Y_2}$	$\overline{Y_1}$	$\overline{Y_0}$	$\overline{Y_{ES}}$	$\overline{Y_S}$
H	×	×	×	×	×	×	×	×	H	H	H	H	H

（续）

$\overline{ST}$	$\overline{IN_0}$	$\overline{IN_1}$	$\overline{IN_2}$	$\overline{IN_3}$	$\overline{IN_4}$	$\overline{IN_5}$	$\overline{IN_6}$	$\overline{IN_7}$	$\overline{Y_2}$	$\overline{Y_1}$	$\overline{Y_0}$	$\overline{Y_{ES}}$	$\overline{Y_S}$
L	H	H	H	H	H	H	H	H	H	H	H	H	L
L	×	×	×	×	×	×	×	L	L	L	L	L	H
L	×	×	×	×	×	×	L	H	L	L	H	L	H
L	×	×	×	×	×	L	H	H	L	H	L	L	H
L	×	×	×	×	L	H	H	H	L	H	H	L	H
L	×	×	×	L	H	H	H	H	H	L	L	L	H
L	×	×	L	H	H	H	H	H	H	L	H	L	H
L	×	L	H	H	H	H	H	H	H	H	L	L	H
L	L	H	H	H	H	H	H	H	H	H	H	L	H

注：$\overline{IN_0} \sim \overline{IN_7}$是编码输入（低电平有效）；$\overline{ST}$是选通输入端（低电平有效）；$\overline{Y_0} \sim \overline{Y_2}$是编码输出端（低电平有效）；$\overline{Y_{ES}}$是扩展端（低电平有效）；$\overline{Y_S}$是选通输出端

2. 74LS138 为 TTL 3-8 线译码器，用以实现由 3 位二进制码转换成对应的输出信号，其引脚图如图 7-18 所示。其中 A_0、A_1、A_2 为二进制码输入端，$Y_0 \sim Y_7$ 为分别对应于二进制码的输出端，G_1、G_{2A}、G_{2B} 为使能端，G_1 高电平有效，G_{2A}、G_{2B} 低电平有效。74LS138 功能如表 7-13 所列。

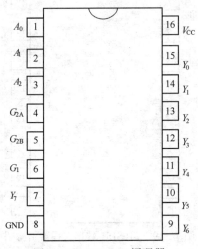

图 7-18　74LS138 译码器

表 7-13　74LS138 3-8 线译码器功能表

输入						输出							
G_1	G_{2A}	G_{2B}	A_2	A_1	A_0	Y_0	Y_1	Y_2	Y_3	Y_4	Y_5	Y_6	Y_7
×	H	×	×	×	×	H	H	H	H	H	H	H	H
×	×	H	×	×	×	H	H	H	H	H	H	H	H
L	×	×	×	×	×	H	H	H	H	H	H	H	H

(续)

输入						输出							
G_1	G_{2A}	G_{2B}	A_2	A_1	A_0	Y_0	Y_1	Y_2	Y_3	Y_4	Y_5	Y_6	Y_7
H	L	L	L	L	L	L	H	H	H	H	H	H	H
H	L	L	L	L	H	H	L	H	H	H	H	H	H
H	L	L	L	H	L	H	H	L	H	H	H	H	H
H	L	L	L	H	H	H	H	H	L	H	H	H	H
H	L	L	H	L	L	H	H	H	H	L	H	H	H
H	L	L	H	L	H	H	H	H	H	H	L	H	H
H	L	L	H	H	L	H	H	H	H	H	H	L	H
H	L	L	H	H	H	H	H	H	H	H	H	H	L

注:$Y_0 \sim Y_7$ 是输出端(低电平有效);$A_0 \sim A_2$ 是输入端;G_1、G_{2A}、G_{2B} 为使能端。当 G_1 为高电平时,且 G_{2A} 和 G_{2B} 均为低电平时,译码器处于工作状态

3. 74LS151 为 8 选 1 数据选择器,用以实现对从 8 个输入端根据地址信号选择 1 个从输出端输出,其引脚排列如图 7-19 所示。其中 E 为输入使能端,低电平有效,S_2、S_1、S_0 为数据地址输入端,$I_0 \sim I_7$ 为数据输入端,Y 和 $\overline{Y}$ 为互补输出端,74LS151 功能表如表 7-14 所列。

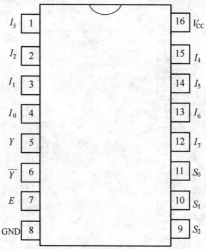

图 7-19 74LS151 数据选择器引脚图

表 7-14 *74LS151 功能表*

E	S_2	S_1	S_0	I_0	I_1	I_2	I_3	I_4	I_5	I_6	I_7	$\overline{Y}$	Y
H	×	×	×	×	×	×	×	×	×	×	×	H	L
L	L	L	L	L	×	×	×	×	×	×	×	H	L
L	L	L	L	H	×	×	×	×	×	×	×	L	H
L	L	L	H	×	L	×	×	×	×	×	×	H	L
L	L	L	H	×	H	×	×	×	×	×	×	L	H
L	L	H	L	×	×	L	×	×	×	×	×	H	L
L	L	H	L	×	×	H	×	×	×	×	×	L	H

(续)

E	S_2	S_1	S_0	I_0	I_1	I_2	I_3	I_4	I_5	I_6	I_7	$\overline{Y}$	Y
L	L	H	H	×	×	×	L	×	×	×	×	H	L
L	L	H	H	×	×	×	H	×	×	×	×	L	H
L	H	L	L	×	×	×	×	L	×	×	×	H	L
L	H	L	L	×	×	×	×	H	×	×	×	L	H
L	H	L	H	×	×	×	×	×	L	×	×	H	L
L	H	L	H	×	×	×	×	×	H	×	×	L	H
L	H	H	L	×	×	×	×	×	×	L	×	H	L
L	H	H	L	×	×	×	×	×	×	H	×	L	H
L	H	H	H	×	×	×	×	×	×	×	L	H	L
L	H	H	H	×	×	×	×	×	×	×	H	L	H

四、实验内容

1. 由 2 片 74LS148 构成 16-4 线优先编码器

在数字电路实验箱上选取合适的位置放置 2 片 74LS148 和 1 片 74LS08,如图 7-20 连接电路所示。其中 E_I 接低电平,$I_0 \sim I_{15}$ 分别接逻辑开关输出插口以提供"0"、"1"电平信号,开关向上,输出逻辑"1",开关向下,输出逻辑"0"。$A_3 \sim A_0$ 接 7 段显示译码模块。按表 7-15 给出的真值表逐个改变逻辑输入开关的输出并将显示结果记录在表 7-15 中,并分析 E_I、G_S、E_O 的功能。

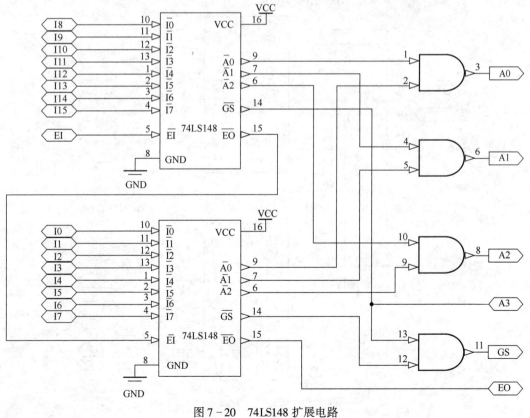

图 7-20 74LS148 扩展电路

表7-15　结果记录表一

I_0	I_1	I_2	I_3	I_4	I_5	I_6	I_7	I_8	I_9	I_{10}	I_{11}	I_{12}	I_{13}	I_{14}	I_{15}	显示结果
×	×	×	×	×	×	×	×	×	×	×	×	×	×	×	0	
×	×	×	×	×	×	×	×	×	×	×	×	×	×	0	1	
×	×	×	×	×	×	×	×	×	×	×	×	×	0	1	1	
×	×	×	×	×	×	×	×	×	×	×	×	0	1	1	1	
×	×	×	×	×	×	×	×	×	×	×	0	1	1	1	1	
×	×	×	×	×	×	×	×	×	×	0	1	1	1	1	1	
×	×	×	×	×	×	×	×	×	0	1	1	1	1	1	1	
×	×	×	×	×	×	×	×	0	1	1	1	1	1	1	1	
×	×	×	×	×	×	×	0	1	1	1	1	1	1	1	1	
×	×	×	×	×	×	0	1	1	1	1	1	1	1	1	1	
×	×	×	×	×	0	1	1	1	1	1	1	1	1	1	1	
×	×	×	×	0	1	1	1	1	1	1	1	1	1	1	1	
×	×	×	0	1	1	1	1	1	1	1	1	1	1	1	1	
×	×	0	1	1	1	1	1	1	1	1	1	1	1	1	1	
×	0	1	1	1	1	1	1	1	1	1	1	1	1	1	1	
0	1	1	1	1	1	1	1	1	1	1	1	1	1	1	1	

2. 由2片74LS138构成4-16线译码器

在数字电路实验箱上选取合适的位置放置2片74LS138，如图7-21连接电路所示。其中$A_0 \sim A_3$分别接逻辑开关输出插口以提供"0"、"1"电平信号，开关向上，输出逻辑"1"，开关向下，输出逻辑"0"，$\overline{Y_0} \sim \overline{Y_{15}}$接逻辑电平指示器。按表7-16给出的真值表逐个改变逻辑输入开关的输出并将结果记录在表7-16中。

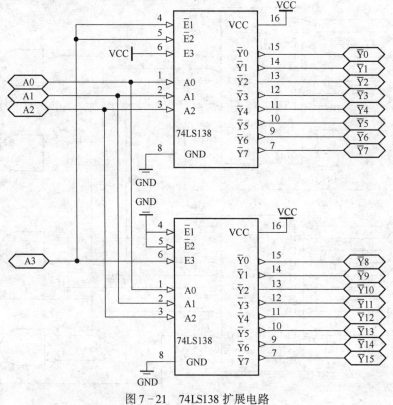

图7-21　74LS138扩展电路

表 7-16　结果记录表二

A_3	A_2	A_1	A_0	$\overline{Y_0}$	$\overline{Y_1}$	$\overline{Y_2}$	$\overline{Y_3}$	$\overline{Y_4}$	$\overline{Y_5}$	$\overline{Y_6}$	$\overline{Y_7}$	$\overline{Y_8}$	$\overline{Y_9}$	$\overline{Y_{10}}$	$\overline{Y_{11}}$	$\overline{Y_{12}}$	$\overline{Y_{13}}$	$\overline{Y_{14}}$	$\overline{Y_{15}}$
0	0	0	0																
0	0	0	1																
0	0	1	0																
0	0	1	1																
0	1	0	0																
0	1	0	1																
0	1	1	0																
0	1	1	1																
1	0	0	0																
1	0	0	1																
1	0	1	0																
1	0	1	1																
1	1	0	0																
1	1	0	1																
1	1	1	0																
1	1	1	1																

3. 由 2 片 74LS151 构成 16 选 1 的数据选择器

在数字电路实验箱上选取合适的位置放置 2 片 74LS151、1 片 74LS04 非门、1 片 74LS08 与门、1 片 74LS32 或门，如图 7-22 连接电路所示。其中 D、C、B、A 以及 $D_0 \sim D_{15}$ 分别接逻辑开关输出插口以提供"0"、"1"电平信号，开关向上，输出逻辑"1"，开关向下，输出逻辑"0"，Y 为逻辑输出，接逻辑电平指示器。任意设置 $D_0 \sim D_{15}$ 的输入逻辑电平，记录在表 7-17 中，并按给出的真值表逐个改变逻辑输入开关的输出并将结果记录在表 7-17 中。

表 7-17　结果记录表三

D	C	B	A	D_0	D_1	D_2	D_3	D_4	D_5	D_6	D_7	D_8	D_9	D_{10}	D_{11}	D_{12}	D_{13}	D_{14}	D_{15}	Y
0	0	0	0																	
0	0	0	1																	
0	0	1	0																	
0	0	1	1																	
0	1	0	0																	
0	1	0	1																	
0	1	1	0																	
0	1	1	1																	
1	0	0	0																	
1	0	0	1																	

（续）

D	C	B	A	D_0	D_1	D_2	D_3	D_4	D_5	D_6	D_7	D_8	D_9	D_{10}	D_{11}	D_{12}	D_{13}	D_{14}	D_{15}	Y
1	0	1	0																	
1	0	1	1																	
1	1	0	0																	
1	1	0	1																	
1	1	1	0																	
1	1	1	1																	

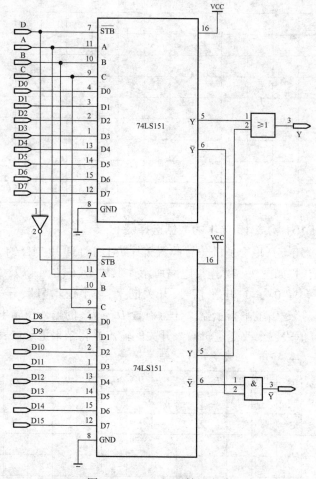

图 7-22　74LS151 扩展电路

五、预习、思考与注意事项

1. 熟悉教材中 74LS148、74LS138、74LS151 的基本内容。
2. 注意各芯片的标志位，不要将电源引脚和地引脚接反，否则会使芯片损坏。
3. 对比 74LS148 和 74LS151 思考 74LS138 设置 3 个使能端的目的。

六、实验报告

1. 根据所测实验数据,了解显示常用符号的基本方法。
2. 总结常用集成组合逻辑电路扩展的基本方法和步骤。
3. 心得体会及其他。

实验5　组合逻辑电路设计

一、实验目的

1. 掌握使用基本门电路设计组合逻辑电路的方法。
2. 掌握使用中规模器件设计组合逻辑电路的方法。

二、实验设备及器件

1. 数字电路实验箱　　　　　1台
2. 万用表　　　　　　　　　1台
3. 74LS08　　　　　　　　　1块
4. 74LS20　　　　　　　　　1块
5. 74LS32　　　　　　　　　1块
6. 74LS138　　　　　　　　 1块
7. 74LS151　　　　　　　　 1块

三、实验原理

1. 组合逻辑电路的设计是根据问题要求完成逻辑功能,求出在特定条件下实现该功能的逻辑电路,又称为逻辑综合。由于实际应用中提出的设计要求是用文字形式描述的,因此逻辑设计的首要任务是将设计要求转化为逻辑问题,具体步骤如下:

(1) 建立给定问题的逻辑描述;
(2) 求出逻辑函数的最简表达式;
(3) 选择逻辑器件并进行逻辑函数变换;
(4) 画出逻辑电路图;
(5) 硬件连接验证结果。

2. 在组合逻辑电路的设计中,可使用基本门电路进行设计,也可使用中规模集成电路进行设计,如译码器、数据选择器,还可以使用大规模集成电路进行设计,如 CPLD、FPGA。本实验主要使用基本门电路和中规模集成电路进行设计。其设计过程基本相同,区别在于使用基本门电路进行设计需要对逻辑函数进行化简,而使用中规模集成器件一般不需要化简。

四、实验内容

1. 使用基本门电路设计一个 3 变量"多数表决电路"

（1）"多数表决电路"是指当有多数输入为逻辑 1 时，输出为逻辑 1，否则为逻辑 0，也称为少数服从多数电路。分析设计要求的逻辑关系，输入为 3 个，分别用 A、B、C 表示，输出为 1 个，用 Y 表示，将真值表写入表 7-18 中。

表 7-18　结果记录表四

A	B	C	Y	A	B	C	Y
0	0	0		1	0	0	
0	0	1		1	0	1	
0	1	0		1	1	0	
0	1	1		1	1	1	

（2）根据真值表写出输出 Y 与输入 A、B、C 的逻辑表达式并进行化简。

$Y =$

（3）根据化简结果，画出逻辑图。选择相应的基本门电路，根据所画的逻辑图，构成逻辑电路，并验证其功能。

2. 使用中规模集成电路设计一个 3 变量"多数表决电路"

（1）根据 Y 的逻辑表达式，利用 74LS138 和 74LS20 设计"多数表决电路"，画出逻辑图，并在数字实验箱上按逻辑图连接电路验证其功能。

(2) 根据 Y 的逻辑表达式,利用 74LS151 设计"多数表决电路",画出逻辑图,并在数字实验箱上按逻辑图连接电路验证其功能。

五、预习、思考与注意事项

1. 熟悉教材中基本门电路和中规模集成电路的基本内容。
2. 注意各芯片的标志位,不要将电源引脚和地引脚接反,否则会使芯片损坏。
3. 思考使用中规模集成电路设计组合逻辑电路的优缺点。
4. 对比使用译码器 74LS138 和数据选择器 74LS151 设计电路的优缺点。

六、实验报告

1. 根据设计要求,画出整个电路的逻辑图。
2. 思考如何使用 74LS138 和 74LS151 设计 4 个输入以上的组合逻辑电路。
3. 心得体会及其他。

实验 6　触发器及其应用

一、实验目的

1. 通过实验熟悉触发器的工作原理。
2. 掌握常用 D 触发器、JK 触发器的使用方法。

二、实验设备及器件

1. 数字电路实验箱　　　　1 台
2. 万用表　　　　　　　　1 台
3. 双踪示波器　　　　　　1 台
4. 74LS00　　　　　　　　1 块
5. 74LS74　　　　　　　　1 块
6. 74LS112　　　　　　　 1 块

三、实验原理

形象地说,触发器具有"一触即发"的功能。在输入信号的作用下,它能够从一种状态

（0 或 1）转变成另一种状态（1 或 0）。输出状态不仅与现时的输入有关，还与原来的输出状态有关，是有记忆功能的逻辑部件。因此，触发器是构成时序逻辑电路的基本单元，对其原理、功能的掌握具有重要意义。按功能分类，触发器可分为 R‑S 触发器、D 型触发器、JK 触发器、T 型触发器等。

1. 基本 R‑S 触发器

基本 R‑S 触发器是最简单的触发器，是构成其他触发器的基础。它是由 2 个与非门交叉耦合构成，其结构如图 7‑23 所示。它具有置"0"、置"1"和保持三种功能，其功能表如表 7‑19 所列，触发器还有不定状态，使用时要避免不定状态的发生。

表 7‑19 基本 RS 触发器功能表

$\bar{R}$	$\bar{S}$	Q	$\bar{Q}$
1	1	保	持
0	1	0	1
1	0	1	0
1	1	不	定

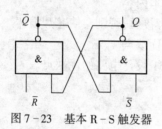

图 7‑23 基本 R‑S 触发器

在实际中经常使用 74LS00 或 74LS20 来实现基本 R‑S 触发器，74LS00 是二输入四与非门，其引脚定义如图 7‑24 所示。74LS20 为四输入二与非门，其引脚定义如图 7‑25 所示。

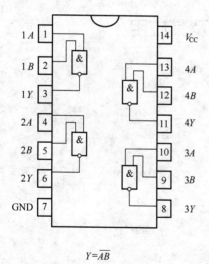

图 7‑24 74LS00 四二输入与非门

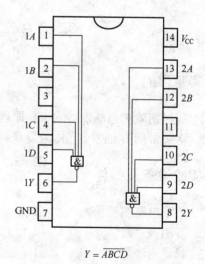

图 7‑25 74LS20 二四输入与非门

2. JK 触发器

JK 触发器是一种功能完善、使用灵活和通用性较强的触发器，一般为下降沿触发。本实验采用的 74LS112 为 TTL 双 JK 触发器，其引脚定义如图 7‑26 所示，功能表如表 7‑20 所列。

第 7 章 数字电路实验

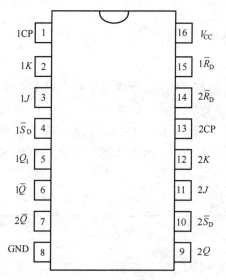

表 7-20 74LS112 的功能表

输入					输出	
$\overline{S_D}$	$\overline{R_D}$	CP	J	K	Q_{n-1}	$\overline{Q_{n-1}}$
L	H	×	×	×	H	L
H	L	×	×	×	L	H
L	L	×	×	×	Φ	Φ
H	H	↓	L	L	Q_n	$\overline{Q_n}$
H	H	↓	H	L	H	L
H	H	↓	L	H	L	H
H	H	↓	H	H	$\overline{Q_n}$	Q_n
H	H	↓	×	×	Q_n	$\overline{Q_n}$

图 7-26 74LS112 双 JK 触发器引脚图

3. D 触发器

D 触发器有一个输入、一个输出和一个时钟频率输入,当时钟频率由 0 转为 1 时,输出的值会和输入的值相等,也就是说,D 触发器一般为上升沿触发。D 触发器能够非常方便地存储一位二进制数,因此常被用于数字信号的寄存。本实验采用的 74LS74 为双 D 触发器,其引脚定义如图 7-27 所示,功能表如表 7-21 所列。

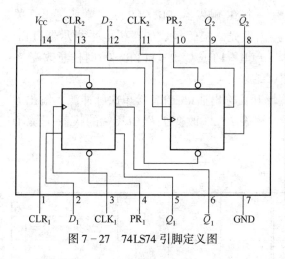

表 7-21 D 触发器功能表

PR	CLR	CLK	D	Q_{n+1}	$\overline{Q_{n+1}}$
L	H	×	×	H	L
H	L	×	×	L	H
L	L	×	×	H	H
H	H	↑	H	H	L
H	H	↑	L	L	H
H	H	L	×	Q_n	Q_n

图 7-27 74LS74 引脚定义图

4. 触发器之间的相互转换

在集成触发器产品中每一种都具有自己固定的逻辑功能,但可以通过转换获得具有其他逻辑功能的触发器。例如,对于 TTL 的 JK 触发器,当 J 和 K 都悬空时,就转换为一个 T 型触发器。

161

四、实验内容

1. 测试基本 R-S 触发器的逻辑功能

在合适的位置选取一个 14P 插座,按定位标记插好 74LS00 集成逻辑门。选择任意两个与非门,按图 7-23 接线,$\bar{S}$ 端和 $\bar{R}$ 端接逻辑开关输出插口以提供"0"、"1"电平信号,开关向上,输出逻辑"1",开关向下,输出逻辑"0"。输出 Q 和 $\bar{Q}$ 接由发光二极管组成的逻辑电平指示器,LED 亮表示逻辑"1",不亮表示逻辑"0"。按表 7-22 给出的真值表测试并记录。

表 7-22 结果记录表五

$\bar{R}$	$\bar{S}$	Q	$\bar{Q}$
1	1→0		
	0→1		
1→0	0		
0→1			
0	0		

2. 测试集成 JK 触发器 74LS112 的逻辑功能

(1) 测试 PR($\bar{S}_D$)、CLR($\bar{R}_D$)的复位、置位功能。在合适的位置选取一个 16P 插座,按定位标记插好 74LS112 集成逻辑门。选择任意一个 JK 触发器,PR、CLR、J、K 端接逻辑开关输出插口,CLK 接单次脉冲源。输出 Q 和 $\bar{Q}$ 接由发光二极管组成的逻辑电平指示器,LED 亮表示逻辑"1",不亮表示逻辑"0"。在 CLR=0(PR=1)或 CLR=1(PR=0)时任意改变 J、K、CLK,观察 Q 和 $\bar{Q}$ 的状态,自拟表格记录测试结果。

(2) 将 PR 和 CLR 接高电平,J、K 端接逻辑开关输出插口,CLK 接单次脉冲源。输出 Q 和 $\bar{Q}$ 接由发光二极管组成的逻辑电平指示器。按表 7-23 改变 J、K、CLK 端的状态,观察 Q 和 $\bar{Q}$ 的状态,并记录测试结果。

表 7-23 结果记录表六

J	K	CLK	Q_{n+1}		J	K	CLK	Q_{n+1}	
			$Q_n=0$	$Q_n=1$				$Q_n=0$	$Q_n=1$
0	0	0→1			1	0	0→1		
		1→0					1→0		
0	1	0→1			1	1	0→1		
		1→0					1→0		

(3) 使用 74LS112 构成 T 型触发器,画出逻辑图。在 CLK 端接 1kHz 连续脉冲源,并在

示波器上观察 CLK、Q 和 $\overline{Q}$ 端的波形,并记录。

3. 测试集成 D 触发器 74LS74 的逻辑功能

(1) 测试 PR、CLR 的复位、置位功能。在合适的位置选取一个 14P 插座,按定位标记插好 74LS74 集成逻辑门。选择任意一个 D 触发器,PR、CLR、D 端接逻辑开关输出插口,CLK 接单次脉冲源。输出 Q 和 $\overline{Q}$ 接由发光二极管组成的逻辑电平指示器,LED 亮表示逻辑 "1",不亮表示逻辑 "0"。在 CLR = 0(PR = 1)或 CLR = 1(PR = 0)时任意改变 D、CLK,观察 Q 和 $\overline{Q}$ 的状态,自拟表格记录测试结果。

(2) 将 PR 和 CLR 接高电平,D 端接逻辑开关输出插口,CLK 接单次脉冲源。输出 Q 和 $\overline{Q}$ 接由发光二极管组成的逻辑电平指示器。按表 7 - 24 改变 D、CLK 端的状态,观察 Q 和 $\overline{Q}$ 的状态,并记录测试结果。

表 7 - 24 结果记录表七

D	CLK	Q_{n+1}		D	CLK	Q_{n+1}	
		$Q_n = 0$	$Q_n = 1$			$Q_n = 0$	$Q_n = 1$
0	0→1			1	0→1		
	1→0				1→0		

(3) 使用 74LS74 构成 T 型触发器,画出逻辑图。在 CLK 端接 1kHz 连续脉冲源,并在示波器上观察 CLK、Q 和 $\overline{Q}$ 端的波形,并记录。

4. 测试集成 D 触发器 74LS74 的逻辑功能

电路功能要求:模拟 2 名乒乓球运动员练习时,乒乓球能往返运转。画出逻辑电路图,连接电路实现功能。

提示:用 LED 逻辑电平指示灯表示乒乓球所在位置,用 2 个单次脉冲源表示击球,由 2 个运动员控制。

五、预习、思考与注意事项

1. 熟悉教材中触发器电路的基本内容。
2. 注意各芯片的标志位,不要将电源引脚和地引脚接反,否则会使芯片损坏。
3. 思考如何通过触发器的特征方程进行触发器逻辑功能的转换。

六、实验报告

1. 根据所测实验数据,了解常用集成触发器芯片的使用方法。
2. 触发器逻辑功能的转换方法。
3. 将 JK 触发器转换为 D 触发器。
4. 心得体会及其他。

实验 7　时序逻辑电路分析与设计

一、实验目的

1. 掌握简单时序逻辑电路的分析方法。
2. 掌握简单时序逻辑电路的设计方法。

二、实验设备及器件

1. 数字电路实验箱　　　1 台
2. 万用表　　　　　　　1 台
3. 双踪示波器　　　　　1 台
4. 74LS112　　　　　　 2 块
5. 74LS74　　　　　　　2 块
6. 74LS20　　　　　　　1 块

三、实验原理

时序逻辑电路在任一时刻的状态变量不仅是当前输入信号的函数,而且还是电路以前状态的函数。电路中存在状态存储单元和反馈回路,一般可认为时序逻辑电路是由组合逻辑电路和状态存储单元共同组成的。组合逻辑电路的设计与分析在实验5中已经学习了,状态存储电路目前就是指实验6中学习的触发器。因此,实验5组合逻辑电路分析设计和实验6中触发器为进一步研究更为复杂时序逻辑电路分析与设计奠定了基础。本实验主要利用已学过的门电路和触发器的知识分析同步和异步时序逻辑电路,并在此基础上进行简单同步时序逻辑电路的设计。

1. 时序逻辑电路的分析

时序逻辑电路的分析是指根据给定的时序逻辑电路,通过分析其状态和输出信号在输入信号和时钟的作用下转换规律,进而确定电路的逻辑功能。其一般步骤如下。

(1) 了解电路的组成。电路的输入、输出信号,触发器的类型等。

(2) 根据给定的时序电路图,写出下列各逻辑方程组。电路的输出方程、各触发器的激励方程组、状态方程组。

(3) 列出状态转换表或画出状态图和波形图。

(4) 确定电路的逻辑功能。

2. 时序逻辑电路的设计

时序逻辑电路的设计是分析的逆过程,其任务是根据实际逻辑问题的要求,设计出能实现给定逻辑功能的电路。时序逻辑电路设计的一般步骤如下。

(1) 逻辑抽象——建立原始状态图或状态表。

确定输入、输出变量及电路的状态数。

定义输入、输出逻辑状态和每个电路状态的含义。

按题意建立原始转换图或状态转换表。

(2) 状态化简——求出最简状态图。

合并等价状态,消去多余状态。

(3) 状态编码(状态分配)。

给每个状态赋以二进制代码的过程。

(4) 选择触发器的类型。

(5) 求出电路的激励方程和输出方程。

(6) 画出逻辑图并检查自启动能力。

四、实验内容

1. 时序逻辑电路分析

(1) 同步时序逻辑电路分析。在合适的位置按定位标记插好74LS74集成逻辑门。选取合适的逻辑门电路按图7-28连接。在CP端接单次脉冲源,$Z_0 \sim Z_2$接逻辑电平指示器。首先复位各触发器,逐个产生CP脉冲,观察$Z_0 \sim Z_2$的变化记录在表7-25中,并画出CP、$Z_0 \sim Z_2$的波形图,分析电路的功能。

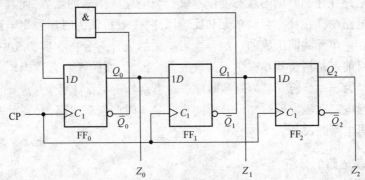

图7-28　同步时序逻辑电路逻辑图一

表7-25　数据记录表八

CP	Z_0	Z_1	Z_2	CP	Z_0	Z_1	Z_2
1				5			
2				6			
3				7			
4				8			

（2）异步时序逻辑电路分析。在合适的位置按定位标记插好74LS74集成逻辑门。选取合适的逻辑门电路按图7-29所示连接。在CP端接单次脉冲源,Z、Q_0、Q_1接逻辑电平指示器。首先复位各触发器,逐个产生CP脉冲,观察Z、Q_0、Q_1的变化记录在表7-26中,并画出CP、Z、Q_0、Q_1的波形图,分析电路的功能。

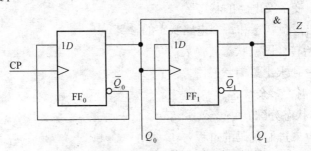

图7-29　同步时序逻辑电路逻辑图二

表7-26　结果记录表九

CP	Q_0	Q_1	Z	CP	Q_0	Q_1	Z
1				5			
2				6			
3				7			
4				8			

2. 同步时序逻辑电路设计

设计一个串行数据检测器。电路的输入信号 X 是与时钟脉冲同步的串行数据,其时序关系如图 7-30 所示。输出信号为 Z,要求电路在 X 信号输入出现 110 序列时,输出信号 Z 为 1,否则为 0。

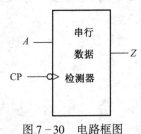

图 7-30 电路框图

(1) 根据同步时序逻辑电路设计步骤,设计电路并画出逻辑图。

(2) 选择需要的芯片,在数字实验箱上合理安排,按逻辑图连接,在 CP 端加单次脉冲源,改变 A 的逻辑电平,逐个加入脉冲验证电路设计的正确性和自启动能力。

五、预习、思考与注意事项

1. 熟悉教材中时序逻辑电路的基本内容。
2. 注意各芯片的标志位,不要将电源引脚和地引脚接反,否则会使芯片损坏。
3. 思考如何使用自动化设计工具对时序逻辑电路进行设计。

六、实验报告

1. 写出完整的时序逻辑电路分析和设计过程中建立的各种方程,状态图表。

2. 记录整理实验中各输出的波形图。
3. 对设计结果进行分析。
4. 心得体会及其他。

实验8 计数器及其应用

一、实验目的

1. 通过实验熟悉计数器的工作原理。
2. 掌握常用集成计数器的使用方法。

二、实验设备及器件

1. 数字电路实验箱　　　1 台
2. 数字万用表　　　　　1 台
3. 双踪示波器　　　　　1 台
4. 74LS00　　　　　　　1 块
5. 74LS161　　　　　　 2 块

三、实验原理

计数器的基本功能是对输入时钟脉冲进行计数。它也可用于分频、定时、产生节拍脉冲和脉冲序列及进行数字运算等。计数器按脉冲输入方式，分为同步计数器和异步计数器；按进位体制，分为二进制计数器、十进制计数器和任意进制计数器；按逻辑功能，分为加法计数器、减法计数器和可逆计数器。

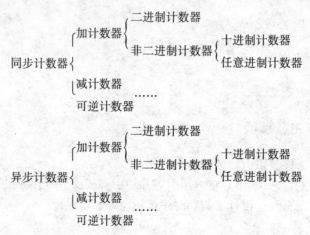

1. 74LS161 集成同步加法计数器

四位二进制($M=16$)可预置同步加法计数器，由 4 个 JKFF 为核心构成 4 位二进制同步加法计数器。该电路具有异步清"0"控制端$\overline{CR}$,同步置数控制端$\overline{PE}$,工作模式控制端CEP、CET(用于级联),并行数据输入端D_3、D_2、D_1、D_0,计数输出端Q_3、Q_2、Q_1、Q_0及进位输出端TC。其引脚排列图如图7-31所示,功能表如表7-27所列。

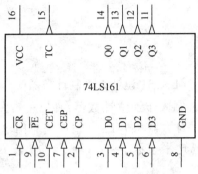

图7-31 74LS161引脚排列

表7-27 74LS161逻辑功能表

输入									输出				
清零	预置	使能		时钟	预置数据输入				计数				进位
$\overline{CR}$	$\overline{PE}$	CEP	CET	CP	D_3	D_2	D_1	D_0	Q_3	Q_2	Q_1	Q_0	TC
L	×	×	×	×	×	×	×	×	L	L	L	L	L
H	L	×	×	↑	D_3	D_2	D_1	D_0	D_3	D_2	D_1	D_0	*
H	H	L	×	×	×	×	×	×	保持				*
H	H	×	L	×	×	×	×	×	保持				*
H	H	H	H	↑	×	×	×	×	计数				*

2. 任意进制计数器的设计

(1)反馈清零法。反馈清零法就是利用异步置零输入端$\overline{CR}$,在M进制计数器的计数过程中,跳过$M-N$个状态,得到N进制计数器的方法。由于74LS161是异步清零,也就是说,当清零信号产生后,计数器不需等待CP信号就使得计数器清零,因此,使用清零法构成N进制计数器时,应该在计数值等于N时产生清零信号。这一方法,接线简单,非常适合计数要求起始值是零的场合,但由于是异步置数,在产生清零信号到完成清零之间有一个中间状态,因此只适合对输出波形要求不严格的情况。

(2)反馈置数法。反馈置数法就是利用同步置数端$\overline{PE}$,在M进制计数器的计数过程中,跳过$M-N$个状态,得到N进制计数器的方法。反馈置数法一般又分为置零法和置任意数法,其中置零法就是将D_3、D_2、D_1、D_0接低电平,当置数信号产生后,计数器内部的触发器全部置零,从而使计数器恢复初始状态重新开始计数。由于74LS161是同步置数,也就是说,当置数信号产生后,计数器需要等待CP信号才能将D_3、D_2、D_1、D_0置入计数器,因此使用置数法构成N进制计数器时,应该在计数值等于$N-1$时产生清零信号。置任意数法就是将D_3、D_2、D_1、D_0根据计数起始值的要求分别接高低电平,这样一来,当置数信号产生后计数器的状态就恢复到由D_3、D_2、D_1、D_0决定的初始状态,此时,要想构成N进制计数器,置数信号应在$(D+N-1)/M$时产生,其中D表示初始值,$/M$表示对M取模,例如,初始值是$9(1001)_2$,要构成9进制计数器,此时D_3、D_0接高电平,D_2、D_1接低电平。置数信号在$(9+9-1)/16=1$,即$Q_3Q_2Q_1Q_0=(0001)_2$时计数器置数回到初始状态$Q_3Q_2Q_1Q_0=(1001)_2$。

四、实验内容

1. 使用反馈清零法利用74LS161设计九进制计数器

(1) 使用清零法设计九进制同步加法计数器,画出逻辑图。在合适的位置,按定位标记插好74LS161集成同步加法计数器和74LS00集成与非门电路,按设计连接电路。CP端接1Hz脉冲源,$Q_3Q_2Q_1Q_0$接电平指示器和带译码器的7段LED显示器,观察计时器工作是否达到设计要求。

(2) CP端接1kHz脉冲源,使用双踪示波器同时观察CP和Q_0的波形,记录并分析计数器清零瞬间所出现的中间状态。

2. 使用反馈置数法利用74LS161设计九进制计数器

(1) 置零。使用置零法设计九进制同步加法计数器,画出逻辑图。在合适的位置,按定位标记插好74LS161集成同步加法计数器和74LS00集成与非门电路,按设计连接电路。CP端接1Hz脉冲源,$Q_3Q_2Q_1Q_0$接电平指示器和带译码器的7段LED显示器,观察计时器工作是否达到设计要求。

(2) 置其他数。使用置其他数法设计九进制同步加法计数器,要求计数器起始值为 15,即 $(1111)_2$,画出逻辑图。在合适的位置,按定位标记插好 74LS161 集成同步加法计数器和 74LS00 集成与非门电路,按设计连接电路。CP 端接 1Hz 脉冲源,$Q_3 Q_2 Q_1 Q_0$ 接电平指示器和带译码器的 7 段 LED 显示器,观察计时器工作是否达到设计要求,并记录计数器计数过程。

3. 实验分析任意进制计数器

分析图 7-32 所示的计数器,在数字实验箱上选取合适的位置,放置 2 片 74LS161 和 1 片 74LS00。按图连接电路,CP 端接 1Hz 脉冲源或者电磁脉冲源,2 片 74LS161 的 $Q_3 Q_2 Q_1 Q_0$ 分别接 2 个带译码器的 7 段 LED 显示器。观察计数值的变化,并确定该电路的功能。

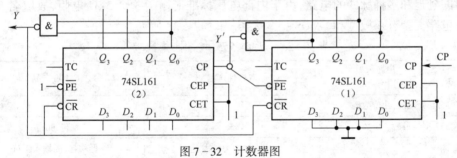

图 7-32 计数器图

五、预习、思考与注意事项

1. 熟悉教材中集成同步加法计数器 74LS161 的基本内容。
2. 注意各芯片的标志位,不要将电源引脚和地引脚接反,否则会使芯片损坏。
3. 思考各种设计任意进制计数器方法的优缺点。

六、实验报告

1. 根据实际设计和测试总结设计方法和设计步骤。
2. 总结使用多片计数器级联的设计方法。
3. 思考各种方法中计数溢出信号的产生方式。
4. 心得体会及其他。

实验 9 555 定时器及其应用

一、实验目的

1. 熟悉 555 定时器的电路结构和工作原理。
2. 掌握 555 定时器的基本应用。

二、实验设备及器件

1. 数字电路实验箱　　　　　　　1 台
2. 数字万用表　　　　　　　　　1 台
3. 双踪示波器　　　　　　　　　1 台
4. NEC555　　　　　　　　　　　2 块
5. 电阻器、电容器、电位器　　　若干

三、实验原理

555 定时器是一种数字、模拟混合型的中规模集成电路,应用十分广泛。它是一种可以产生时间延迟和多种脉冲的电路,由于内部电压标准使用了 3 个 5kΩ 电阻,故取名 555 电路。其电路类型有双极型和 CMOS 型两大类,如表 7-28 所列。

表 7-28 两类 555 电路性能比较

电路类型 性能参数	双极性产品	CMOS 产品
单 555 型号最后几位数码	555	7555
双 555 型号最后几位数码	556	7556
优点	驱动能力较大	低功耗、高输入阻抗
电源电压工作范围	5V ~ 16V	3V ~ 18V
负载电流	可达 200mA	可达 4mA

1. 555 定时器的工作原理

555 电路内部由电阻分压器,两个电压比较器 C_1、C_2,一个基本 RS 触发器,一个放电开关管 VT 构成,如图 7-33 所示。其中电阻分压器由 3 个 5kΩ 的电阻 R 组成,为电压比较器 C_1 和 C_2 提供基准电压。电压比较器 C_1 和 C_2,当 $U_+ > U_-$ 时,U_C 输出高电平,反之则输出低电平。CO 为控制电压输入端。TH 称为高触发端,$\overline{TR}$ 称为低触发端。基本 R-S 触发器其置 0 和置 1 端为低电平有效触发。$\overline{R}$ 是低电平有效的复位输入端。正常工作时,必须使 $\overline{R}$ 处于高电平。放电管 VT 是集电极开路的三极管,相当于一个受控电子开关。OUT 输出为 0 时,VT 导通;输出为 1 时,VT 截止。缓冲器由 G_3 和 G_4 构成,用于提高电路的负载能力,表 7-29 给出了 555 定时器的基本功能表。

第7章 数字电路实验

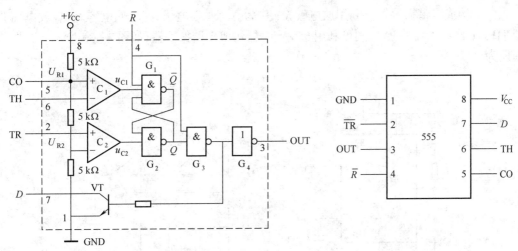

图 7-33　555 定时器的内部结构和管脚图

表 7-29　555 定时器基本功能

输入			输出	
TH	$\overline{TR}$	$\overline{R}$	OUT	VT
×	×	0	0	导通
$> U_{R1}$	$> U_{R2}$	1	0	导通
$< U_{R1}$	$> U_{R2}$	1	不变	不变
$< U_{R1}$	$< U_{R2}$	1	1	截止

2. 555 定时器的典型应用

（1）构成单稳态电路。图 7-34 给出了由 555 定时器构成的单稳态电路。当触发脉冲 u_I 为高电平时，V_{CC} 通过 R 对 C 充电，当 $TH = u_C \geq 2/3 V_{CC}$ 时，高触发端 TH 有效置 0；此时，放电管导通，C 放电，$TH = u_C = 0$，稳态为 0 状态。当触发脉冲 u_I 下降沿到来时，低触发端 $\overline{TR}$ 有效置 1 状态，电路进入暂稳态。此时，放电管 VT 截止，V_{CC} 通过 R 对 C 充电。当 $TH = u_C \geq 2/3 V_{CC}$ 时，使高触发端 TH 有效，置 0 状态，电路自动返回稳态，此时，放电管 VT 导通。电路返回稳态后，C 通过导通的放电管 VT 放电，使电路迅速恢复到初始状态。

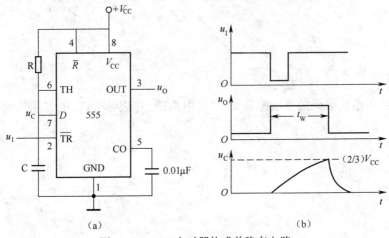

图 7-34　555 定时器构成单稳态电路

(2) 构成多谐振荡器。利用放电管 VT 作为一个受控电子开关,使电容充电、放电而改变 TH = TR,交替置 0、置 1,则可利用 555 定时器构成多谐振荡器,如图 7-35 所示。其振荡周期为

$$T \approx 0.7(R_1 + 2R_2)C$$

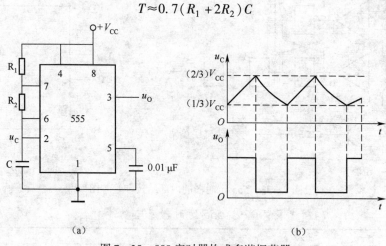

图 7-35 555 定时器构成多谐振荡器

四、实验内容

1. 单稳态触发器

(1) 按图 7-34 连接电路,取 $R=100\text{k}\Omega$,$C=471\mu\text{F}$,输入信号由单次脉冲源提供,输出加逻辑电平指示器,观察 LED 暂态时间,并与理论值进行比较。

(2) 将 R 改为 $1\text{k}\Omega$,C 改为 $0.1\mu\text{F}$,输入端加 1kHz 的连续脉冲,使用示波器观察 V_i、V_C 和 V_o,测定幅度和暂态时间。

2. 多谐振荡器

(1) 按图 7-35 连线构成多谐振荡器,用示波器观察 V_C 与 V_o 的波形,测定频率和占空比。

(2) 设计占空比可调的多谐振荡器,画出电路图,并进行验证,通过示波器观察波形占空比的变化。

3. 报警器电路

报警器电路如图7-36所示,连接电路试听效果。更改元件参数,再进行测试。使用示波器观察各级输出,计算各级频率与占空比。

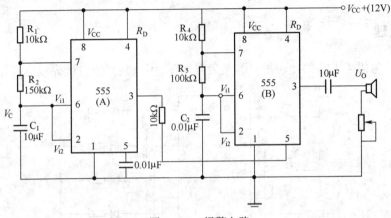

图7-36 报警电路

五、预习、思考与注意事项

1. 熟悉教材中555定时器电路的基本内容。
2. 拟定实验中所需的表格。
3. 思考如何使用Multisim中555定时器设计向导进行设计。

六、实验报告

1. 给出从示波器中得到的各种波形图,并计算与理论值的误差。
2. 对设计结果进行分析。
3. 心得体会及其他。

实验10 4人抢答器

一、实验目的

1. 熟悉抢答器的工作原理。
2. 掌握简单数字系统实验、调试以及故障排除方法。

二、实验设备及器件

1. 数字电路实验箱   1台
2. 函数发生器   1台

3. 双踪示波器　　　　　　　1 台
4. 74LS175　　　　　　　　　1 块
5. 74LS20　　　　　　　　　 1 块
6. 74LS00　　　　　　　　　 1 块

三、实验原理

图 7-37 为供 4 人抢答使用的抢答装置线路图,用以判断抢答优先权。

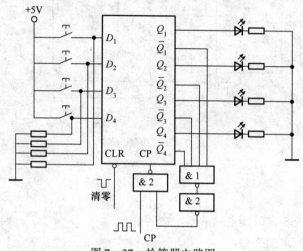

图 7-37　抢答器电路图

4 人参加比赛,每人一个按钮,其中一人按下按钮后,相应的指示灯亮,并且,其他按钮按下时不起作用。电路的核心是 74LS175 4D 触发器。它的内部包含了 4 个 D 触发器,引脚图如图 7-38 所示。CP 接时钟信号源,按钮由逻辑开关表示,LED 输出用逻辑电平指示器表示。使用时首先清零,然后开始抢答,最早抢答的信号将封锁其他信号,直到再次清零信号为止。

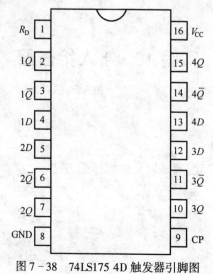

图 7-38　74LS175 4D 触发器引脚图

四、实验内容

1. 选择合适的电阻和门电路,测试各个元件的好坏。
2. 按图 7-37 连接电路,设置函数发生器输出为 1kHz 的方波,接至 CP 端,将抢答器清零然后测试抢答器的工作情况。
3. 分别设置函数发生器输出为 1Hz 和 1MHz 的方波,测试抢答器的工作情况。
4. 利用实验 9 中的多谐振荡器,设计 1kHz 方波电路代替函数发生器,构成功能完整的抢答电路。

五、预习、思考与注意事项

1. 了解设计的目的和原理,选择合适的元件。
2. 拟定实验中所需的表格和测试方案。
3. 思考 CP 输入频率对抢答器性能的影响,并分析原理。

六、实验报告

1. 给出具体测试方案和结果。
2. 对设计结果进行分析。
3. 心得体会及其他。

实验 11　数字综合实验(一)
——方波、三角波发生器

一、实验目的

通过实际电路的搭建,进一步巩固所学理论知识,并通过掌握实际元件的用法将理论与实际相结合。提高对数字电路的仿真、设计、调试能力,进一步提高对理论课程的学习兴趣。

二、实验设备

1. 数字电子技术实验箱　　　　1 台
2. 数字万用表　　　　　　　　1 台
3. 双踪示波器　　　　　　　　1 台
4. 计算机　　　　　　　　　　1 台

三、实验内容

综合运用电子技术基础中数字电子技术所学门电路、组合逻辑电路、时序逻辑电路、波形产生与变换电路等知识,结合实际集成数字器芯片,设计一个可以改变输出频率的方波、三角波产生电路,参考系统框图如图 7-39 所示。

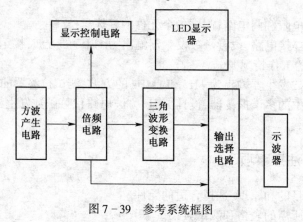

图 7-39 参考系统框图

四、实验要求

本实验要求设计实现方波、三角波波形的产生电路,其频率可以调整,可通过数字输入量选择输出波形的类型,可通过数字输入量选择输出频率进行 2 倍频、4 倍频等,可显示倍频系数。波形产生可使用 555 定时器,也可使用集成运算放大器或比较器,显示电路使用 7 段 LED 数码管(带 74LS48 译码器),其他电路根据具体设计确定。要求:电路简洁,输出波形稳定,噪声小,显示倍频系数即可。另外,电源可采用实验箱提供的直流电源,无需另行设计。

五、实验步骤

1. 分析实验题目,确定系统总体方案。
2. 细化系统总体方案,确定实现每一模块拟采用的电路方案。
3. 根据现有芯片类型确定电路采用的芯片,并查阅相关芯片的使用方法。
4. 采用 Multisim 对每一部分的电路方案进行仿真。
5. 利用实验室现有设备,搭建电路实现实验要求,测试分析结果。
6. 对实验过程中的问题、结果、收获进行总结。

六、实验元件清单

器件名称	说明	器件名称	说明
NE555	555 定时器	12M 晶振	
LM324	比较器	常用电容	
CD4052	模拟多路开关	常用电阻	
稳压二极管	5V	基本门电路	
74HC161	计数器	74HC48	译码器

七、设计提示

1. 可通过多电位器改变频率。
2. 可充分利用计数器进行分频,以最低频率作为基础频率,其他频率就可看成倍频。
3. 数字输入量可用数字实验箱拨动开关实现输入。
4. 倍频选择、输出选择可用模拟多路开关实现。

八、思考题

1. 就你所知,产生方波和三角波有哪些方法?说明其原理,并比较它们的特点。
2. 产生正弦波的方法有哪些?比较各自的特点。

实验 12　数字综合实验(二)
——音乐门铃

一、实验目的

通过实际电路的搭建,进一步巩固所学理论知识,并通过掌握实际元件的用法将理论与实际相结合。提高对电子电路的仿真、设计、调试能力,进一步提高对理论课程的学习兴趣。

二、实验设备

1. 数字万用表　　　　1 台
2. 双踪示波器　　　　1 台
3. 信号发生器　　　　1 台
4. 模拟实验箱　　　　1 台
5. 焊接工具等　　　　若干

三、实验内容

综合运用所学的信号放大电路、功率放大电路、门电路、组合逻辑电路、时序逻辑电路、波形产生与变换电路等知识,结合实际集成功率放大芯片、集成数字器芯片,设计一个可以输出简单旋律的音乐门铃,参考系统框图如图 7-40 所示。

四、实验要求

本实验要求设计能通过按键自动输出一段简单音乐旋律的音乐门铃电路,其具体旋律可以自行确定。要求输出时间大于 10s,并且所需直流电源需自行设计。延时产生可使用

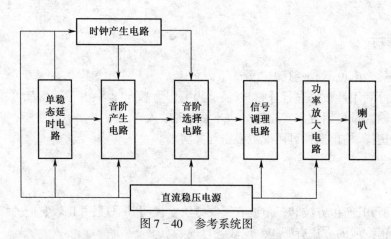

图 7-40 参考系统图

555 定时器构成单稳态触发器,也可使用集成运算放大器或比较器构成,功率放大电路可使用 LM386 或者 TDA2030,其他电路根据具体设计确定。要求:电路简洁,输出音乐旋律清晰,噪声小,延时效果明显。另外,电源中所需变压器由模拟实验箱提供。

五、实验步骤

1. 分析实验题目,确定系统总体方案。
2. 细化系统总体方案,确定实现每一模块拟采用的电路方案。
3. 根据现有芯片类型确定电路采用的芯片,并查阅相关芯片的使用方法。
4. 采用 Multisim 对每一部分的电路方案进行仿真。
5. 利用实验室现有设备,搭建电路实现实验要求,测试分析结果。
6. 对实验过程中的问题、结果、收获进行总结。

六、实验元件清单

器件名称	说明	器件名称	说明
NE555	555 定时器	7805	直流三端稳压器
LM324	比较器	7812	直流三端稳压器
CD4052	模拟多路开关	7912	直流三端稳压器
稳压二极管	5V	IN4007	整流二极管
74HC161	计数器	JRC4558D	音频放大器
74HC48	8 段译码	常用电容	
喇叭		常用电阻	
基本门电路		按键	

七、设计提示

1. 可通过 555 产生延时,控制整个电路的工作。
2. 可充分利用模拟开关 CD4052 配合 555 电路产生不同频率的音阶。
3. 可利用计数器 74LS161 按顺序反复选择 CD4052 的输出,达到输出音乐节奏的目的。
4. 功率放大应使用功率放大芯片的典型电路。

参考文献

[1] 康华光,邹寿彬. 电子技术基础. 第4版. 北京:高等教育出版社,2000.
[2] 邹其洪,黄智伟,高嵩. 电工电子实验与计算机仿真. 北京:电子工业出版社,2008.
[3] 高吉祥,易凡. 电子技术基础实验与课程设计. 北京:电子工业出版社,2002.
[4] 段玉生,王艳丹,何丽静. 电工电子技术与EDA基础. 北京:清华大学出版社,2004.
[5] 高文焕,张尊侨,徐振英,等. 电子技术实验. 北京:清华大学出版社,2004.
[6] 邱关源. 电路. 北京:高等教育出版社,1999.
[7] 阎石. 数字电子技术基础. 第4版. 北京:高等教育出版社,2001.
[8] 黄智伟,等. 基于NI Multisim 10的电子电路计算机仿真设计与分析. 北京:电子工业出版社,2008.
[9] 黄智伟. 全国大学生电子设计竞赛电路设计. 北京:北京航空航天大学出版社,2006.
[10] 黄智伟. 全国大学生电子设计竞赛技能训练. 北京:北京航空航天大学出版社,2007.
[11] 齐蓉. 可编程控制器教程. 西安:西北工业大学出版社,2000.